U0691105

国家级一流本科专业建设成果教材

化学工业出版社"十四五"普通高等教育规划教材

程序设计基础
C语言

微课版

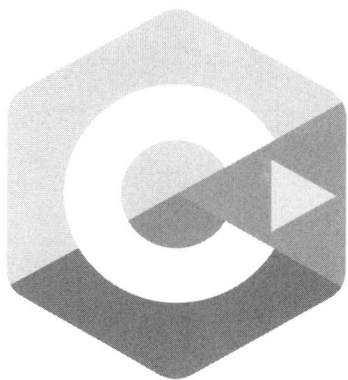

常东超　刘培胜　卢紫微　主编

化学工业出版社

·北京·

内容简介

《程序设计基础——C 语言微课版》是参照全新计算机等级考试（二级 C 语言）教学大纲及 ISO/IEC 9899：1999 的新特性并根据高校全新 C 语言程序设计教学大纲要求编写而成。全书分为 10 章，主要内容有程序设计基础理论和 C 程序的基本组成以及程序开发过程；C 语言的基本数据类型、运算符、表达式、数据类型转换及标准的输入输出函数；C 语言的基本语句和流程控制语句；数组、函数、指针的概念及用法；C 语言的编译预处理功能；C 语言结构体与共用体、C 语言中文件的相关概念以及文件的各种操作方法；最后附录部分介绍了 C 程序设计的常用库函数、实验指导和全新模拟训练题。

本书既可以作为高等学校本科计算机 C 语言程序设计教材，也可以作为培养读者计算机编程能力和参加全国计算机等级考试（C 语言）的自学参考书。

图书在版编目（CIP）数据

程序设计基础 ：C 语言微课版 / 常东超，刘培胜，卢紫微主编. -- 北京 ：化学工业出版社，2025. 7.
（国家级一流本科专业建设成果教材）. -- ISBN 978-7-122-48116-0

Ⅰ. TP312.8

中国国家版本馆 CIP 数据核字第 2025GP5681 号

责任编辑：满悦芝　　　　　　　文字编辑：刘建平　温潇潇
责任校对：王　静　　　　　　　装帧设计：张　辉

出版发行：化学工业出版社
　　　　　（北京市东城区青年湖南街 13 号　邮政编码 100011）
印　　装：河北延风印务有限公司
787mm×1092mm　1/16　印张 15¼　字数 675 千字
2025 年 9 月北京第 1 版第 1 次印刷

购书咨询：010-64518888　　　　　　售后服务：010-64518899
网　　址：http://www.cip.com.cn
凡购买本书，如有缺损质量问题，本社销售中心负责调换。

定　　价：59.80 元　　　　　　　　　　版权所有　违者必究

前言

2017 年 2 月以来，教育部积极推进新工科建设，先后形成了"复旦共识"、"天大行动"和"北京指南"，并发布了《关于开展新工科研究与实践的通知》《关于推进新工科研究与实践项目的通知》，全力探索形成领跑全球工程教育的中国模式、中国经验，助力高等教育强国建设。

为了适应时代发展和人才培养的需求以及计算机技术的发展，在 C 语言标准及编译技术、集成开发环境不断变更的背景下，本书在"C 语言程序设计"及"程序设计基础教程——C 语言"两套讲义的基础上，结合数位一线教师多年教学实践与研发经验，并考虑到读者的反馈信息，对各个章节的内容、结构等进行了修订、调整、完善和补充，特别在复杂结构的叙述方法上，作者根据多年的心得体会对教学内容进行了重新组织和编排，增加了课程内容和案例的教学视频，读者自学的渠道大增，教材内容及其对应视频力求深入浅出、通俗易懂，使广大读者尽早、尽快掌握程序设计方法，具备一定的程序设计能力。

全书分为 10 章和 4 个附录，主要内容有程序设计基础理论、C 程序的基本组成以及程序开发过程；C 语言的基本数据类型、运算符、表达式、数据类型转换及标准的输入输出函数；C 语言的基本语句和流程控制语句；数组、函数、指针的概念及用法；C 语言的编译预处理功能；C 语言结构体与共用体、C 语言中文件的相关概念以及文件的各种操作方法；最后附录部分介绍了 C 程序设计的常用字符与 ASCII 码对照表、常用库函数，以及实验指导和全真模拟训练试卷。尤其值得一提的是，作者在 C 语言语法结构等基础知识的介绍方面做了进一步的总结和归纳，增加了一些和专业相关的案例内容，从而使读者阅读此书和学习 C 语言时更能感觉到有章可循。

本书紧紧围绕全国计算机等级考试大纲（二级 C 语言），采用"案例驱动"的编写方式，以基础语法、语义训练为中心，语法介绍精练，内容叙述深入浅出、循序渐进，程序案例与实际相结合、生动易懂，具有很好的启发性。每章均配备教学课件和精心设计的习题；其中大容量题库及测评系统经过长期的测试和验证，对教学质量的提高起到了积极的促进作用。

本书与目前大部分教材相比，在下面三个方面进行了改进和强化：

① 结合教学心得对部分知识点的叙述方法做了仔细修改，以使读者更容易理解；

② 为了扩大读者视野和让读者更深入掌握 C 语言程序设计的方法，本书增加了有关编程的部分新内容并删改了不适应当前编程需要的陈旧内容，创新了部分习题;

③ 结合全国计算机等级考试全新编程环境，采用新的标准对全书和例题内容进行了调试。

全书由辽宁石油化工大学常东超、刘培胜、卢紫微担任主编，参加编写和校核工作的教师有杨妮妮、苏金芝、王杨、徐晓军、张国玉、刘洋、李会举、佐安帆等，全书由辽宁石油化工大学常东超统稿。

本书的编写得到了中国石油天然气股份有限公司抚顺石化分公司信息管理部正高级工程师赵勇部长和中国石油石油化工研究院信息中心高级工程师崔鹏主任两位专家的热心指导和倾心帮助，在此表示诚挚的感谢! 同时感谢辽宁省内和本校各位同仁的不吝赐教! 最后感谢学校各级领导和化学工业出版社的大力支持。

限于作者水平有限，书中如有不足之处，敬请读者批评指正，以利作者改进。

编　者
2025 年 7 月

目 录

第 8 章　编译预处理 ·· 151

第 9 章　结构体与共用体 ··· 158

第 10 章 文件··194

附录 ·· **207**

参考文献 ·· **237**

第1章

程序设计及C语言简介

1.1 程序和程序设计的基本概念

　　程序设计语言是人与计算机交流的"语言"，正如人与人交流有不同的语言一样，程序设计语言也有很多种，基本上分为高级语言和低级语言两大类。目前常见的高级语言有 Visual Basic、C++、Java、C 等，这些语言都使用接近人们习惯的自然语言和数学语言作为表达形式，使人们学习和操作起来感到十分方便。但是，对于计算机本身来说，它并不能直接识别由高级语言编写的程序，它只能接收和处理由 0 和 1 的代码构成的二进制指令或数据。由于这种形式的指令是面向机器的，因此也称为"机器语言"。

　　我们把由高级语言编写的程序称为"源程序"，把由二进制代码表示的程序称为"目标程序"。为了把源程序转换成机器能接收的目标程序，软件工作者编制了一系列软件，通过这些软件可以把用户按规定语法写出的语句一一翻译成二进制机器指令。这种具有翻译功能的软件称为"编译程序"，每种高级语言都有与它对应的编译程序。例如，C 语言编译程序就是这样的一种软件，功能如图 1.1 所示。

　　我们无论采用哪种语言编写程序，经过编译（compile）最终都将转换成二进制的机器指令。C源程序经过 C 语言编译程序编译之后生成一个后缀为.obj 的二进制文件（称为目标文件），然后由称为

图 1.1　C 语言编译程序功能示意图

"连接程序"（link）的软件，把此.obj 文件与 C 语言提供的各种库函数连接起来生成一个后缀为.exe 的可执行文件。在操作系统环境下，只需点击或输入此文件的名字，该可执行文件就可运行。

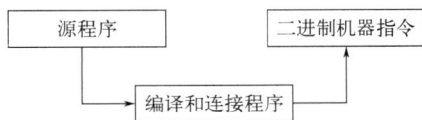

1.2 算法与程序设计

　　谈到程序设计就必然涉及算法的相关知识。所谓算法，是指为解决某个特定问题而采取的确定且有限的步骤。

　　对于一个问题，如果可以通过一个计算机程序，在有限的存储空间内运行有限的时间

而得到正确的结果，则称这个问题是算法可解的。但是算法不等于程序，也不等于计算方法。当然，程序也可以作为一种描述，但通常还需考虑很多与方法和分析无关的细节问题，这是因为在编写程序时要受到计算机系统环境的限制。通常程序的编制不可能优于算法的设计。

1.2.1　算法的基本特征

算法的基本特征如下。

（1）可行性

针对实际问题设计的算法，人们总是希望得到满意的结果。但一个算法又总是在某个特定的计算工具上执行的，因此，算法在执行过程中往往受到计算工具的限制，使执行结果产生偏差。例如，在进行数值计算时，如果某计算工具具有 7 位有效数字，则在计算

$$X=10^{12}，\ Y=1，\ Z=-10^{12}$$

3 个量的和时，如果采用不同的运算顺序，就会得到不同的结果，即

$$X+Y+Z=10^{12}+1+(-10^{12})=0$$
$$X+Z+Y=10^{12}+(-10^{12})+1=1$$

而在数学上，$X+Y+Z$ 与 $X+Z+Y$ 是完全等价的。因此，算法与计算公式是有差别的。在设计一个算法时，必须考虑它的可行性，否则是不会得到满意结果的。

（2）确定性

算法的确实性，是指法的每一个步骤都必须是有明确定义的，不允许有模棱两可的解释，也不允许有多义性。这一性质也反映了算法与数学公式的明显差别。在解决实际问题时，可能会出现这样的情况：针对某种特殊问题，数学公式是正确的，但按此数学公式设计的计算过程可能会使计算机系统无所适从。这是因为，根据数学公式设计的计算过程只考虑了正常使用的情况，而当出现异常情况时计算机就不能适应了。

（3）有穷性

算法的有穷性，是指算法必须能在有限的时间内完成，即算法必须能在执行有限个步骤之后终止。数学中的无穷级数，在实际计算时只能取有限项，即计算无穷级数数值的过程只能是有穷的。因此一个数的无穷级数表示只是一个计算公式，而根据精度要求确定的计算过程才是有穷的算法。

算法的有穷性还应包括合理的执行时间的含义。因为，如果一个算法需要执行千万年，显然失去了实用价值。

（4）输入

一个算法可以有零个或多个输入。由于在计算机上实现的算法是用来处理数据对象的，在大多数情况下这些数据对象需要通过输入来得到。

（5）输出

一个算法有一个或多个输出，这些输出是同输入有着某些特定关系的量。

一个算法是否有效，还取决于为算法提供的情报是否足够。通常，算法中的各种运算总

是施加到各个运算对象上，而这些运算对象又可能具有某种初始状态，这是算法执行的起点或依据。因此，一个算法的执行结果总是与输入的初始数据有关，不同的输入将会对应不同的结果输出。当输入不够或是输入错误时，算法本身也就无法执行或导致执行出错。一般来讲，当算法拥有足够的情报时，此算法才是有效的，而当提供的情报不够时，算法可能失效。

综上所述，所谓算法，是一组严谨的、定义运算顺序的规则，并且每一个规则都是有效的且是确定的，此顺序将在有限的次数下终止。

1.2.2　算法的基本要素

一个算法通常由两种基本要素组成：一是对数据对象的运算和操作，二是算法的控制结构。

（1）算法中对数据的运算和操作

每个算法实际上是按解题要求从环境能够进行的所有操作中选择的合适的操作所组成的一组指令序列。因此计算机算法就是计算机能处理的操作所组成的指令序列。

通常，计算机可以执行的基本操作是以指令的形式描述的。一个计算机系统所能执行的所有指令集合称为该计算机系统的指令系统。计算机程序就是按解题要求从计算机指令系统中选择合适的指令所组成的指令序列。在一般的计算机系统中，基本的运算和操作有以下 4 种：

① 算术运算，主要包括加、减、乘、除等运算。

② 逻辑运算，主要包括"与""或""非"等运算。

③ 关系运算，主要包括"大于""小于""等于""不等于"等运算。

④ 数据传输，主要包括赋值、输入、输出等操作。

（2）算法的控制结构

一个算法的功能不仅仅取决于所选用的操作，还与各操作之间的执行顺序有关。算法中各操作之间的执行顺序称为算法的控制结构。

算法的控制结构给出了算法的基本框架，它不仅决定了算法中各操作的执行顺序，还直接反映了算法的设计是否符合结构化原则。描述算法的工具通常有传统流程图、N-S 流程图、算法描述语言等。一个算法一般都可以由顺序、选择、循环 3 种基本控制结构组合而成。

1.2.3　算法描述的方法

算法是描述某一问题求解的有限步骤，而且必须有结果输出。设计一个算法或者描述一个算法，最终是由程序设计语言来实现的。但算法与程序设计又是有区别的，主要是一个由粗到细的过程。算法是考虑实现某一个问题求解的方法和步骤，是解决问题的框架流程；而程序设计则是根据这一求解的框架流程进行语言细化，实现这一问题求解的具体过程。

一般可以使用下面几种类型的工具描述算法。

（1）自然语言

自然语言是人们日常进行交流的语言，如英语、汉语等。自然语言用来描述算法、分析算法，对于用户之间的交流，是一种较好的工具。但是将自然语言描述的算法直接在计算机上进行处理，目前还存在许多困难，包括有诸如语音语义识别等方面的问题。

（2）专用工具

要对某一个算法进行描述，可以借助于有关的图形工具或代码符号。20 世纪 50～60 年代兴起的流程图几乎成为了程序设计及算法描述的必用工具，是描述算法的很好的形式。

人们已经提出了多种描述算法的流程图。这种方法的特点是用一些图框表示各种类型的操作：圆角矩形表示起止框，在算法开始和结束的时候使用；菱形表示判断框；矩形表示处理框；平行四边形表示输入/输出框；带点不封闭矩形表示注释框；基本图形用流程线连接起来，通过流程线反映出它们之间的关系；小圆圈表示连接点，大型系统中流程线和基本图形连接起来时，通常用小圆圈表示。图 1.2 为一般流程图所用的基本符号图形。

关于流程图，这里主要介绍传统流程图和 N-S 流程图。

传统流程图的优点是形象直观、简单方便，我们可以根据流程线很直观地看出程序的走向；缺点是它对流程线的走向没有任何的限制，导致谁都可以来修改流程的走向，使流程随意转向，而且它在描述复杂算法时，所占篇幅较多。

N-S 流程图是在 1973 年，由美国学者 I.Nassi 和 B.Shneiderman 提出的一种新的流程图形式，这种流程图完全去掉了流程线，算法的每一步都用一个矩形框来描述，把一个个矩形框按执行的次序连接起来就是一个完整的算法描述。这种流程图用两位学者名字的第一个英文字母命名，因此称为 N-S 流程图。在下一小节中将结合结构化程序设计中的三种基本结构来介绍这种流程图的基本结构。

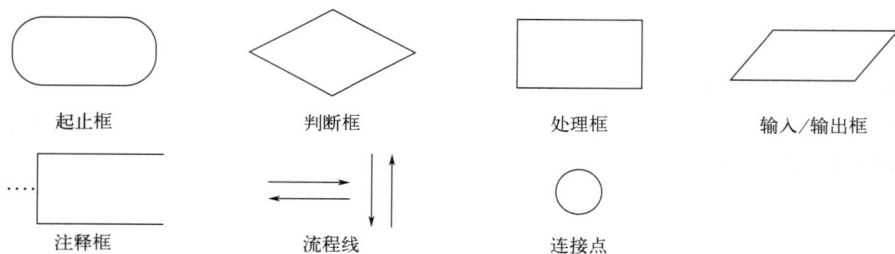

| 起止框 | 判断框 | 处理框 | 输入/输出框 |

| 注释框 | 流程线 | 连接点 |

图 1.2　流程图所用的基本符号图形

1.2.4　程序设计原理和方法

（1）程序设计

程序设计的过程一般包含以下几个部分。

① 确定数据结构。指根据任务书提出的要求、指定的输入数据和输出结果，确定存放数据的数据结构。

② 确定算法。针对存放数据的数据结构来确定解决问题、完成任务的步骤。

③ 编码。根据确定的数据结构和算法，使用选定的计算机语言编写程序代码，输入计算机并保存在磁盘上，简称编程。

④ 调试。目的是验证代码的正确性，用各种可能的输入数据对程序进行测试，消除由

于疏忽而引起的语法错误或逻辑错误，使之对各种合理的数据都能够得到正确的结果，对不合理的数据能进行适当的处理。

⑤ 整理并写出文档资料。

这就是编写程序的五个步骤。

（2）结构化程序设计

对于任何一个程序来说，都有自身的结构。就像我们读文章一样，我们说文章的结构是顺叙的、倒叙的或是插叙的等，结构化的程序设计由三种基本结构组成。

① 顺序结构。在本书第 3 章中将要介绍的如赋值语句、输入语句、输出语句，都可以构成顺序结构。当执行由这些语句构成的程序时，将按这些语句在程序中的先后顺序逐条执行，没有分支，没有转移。顺序结构可用图 1.3 所示的流程图表示，其中，图（a）是一般的流程图，图（b）是 N-S 流程图。

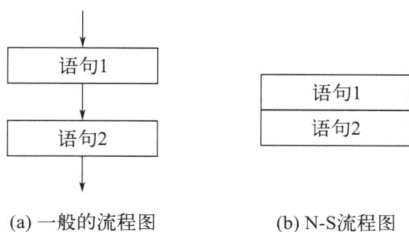

(a) 一般的流程图   (b) N-S流程图

图 1.3 顺序结构流程图

② 选择结构。在本书第 4 章中将要介绍的 if 语句、switch 语句都可以构成选择结构。当执行到这些语句时，将根据不同的条件去执行不同分支中的语句。当判断表达式满足条件时，执行语句 1，否则执行语句 2。选择结构用图 1.4 所示的流程图表示，其中，图（a）是一般的流程图，图（b）是 N-S 流程图。

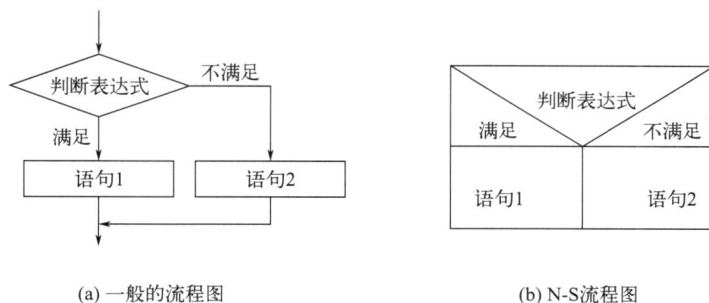

(a) 一般的流程图   (b) N-S流程图

图 1.4 选择结构流程图

③ 循环结构。在本书第 5 章中将要介绍不同形式的循环结构，它们将根据各自的条件，使同一组语句重复执行多次或一次也不执行。循环结构的流程图如图 1.5 和图 1.6 所示，每个图中的图（a）是一般的流程图，图（b）是 N-S 流程图。图 1.5 是当型循环流程图。当型循环的特点是：当指定的条件满足（成立）时，就执行循环体，否则就不执行。图 1.6 是直到型循环流程图。直到型循环的特点是：执行循环体直到指定的条件满足（成立）就不再执行循环体。

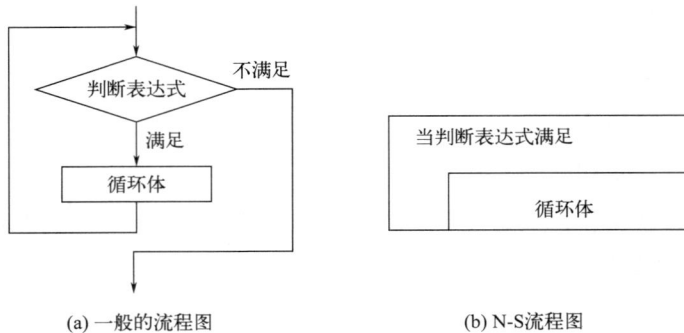

(a) 一般的流程图   (b) N-S流程图

图 1.5　当型循环流程图

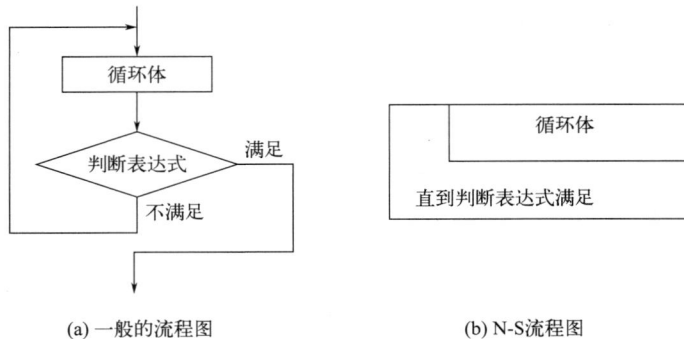

(a) 一般的流程图   (b) N-S流程图

图 1.6　直到型循环流程图

已经证明，由三种基本结构组成的算法可以解决任何复杂的问题。由三种基本结构构成的算法称为结构化算法，由三种基本结构构成的程序称为结构化程序。

（3）模块化程序设计

当计算机在处理较复杂的任务时，程序代码量非常大，通常会有上万条语句，需要由许多人来共同完成。这时常常把这个复杂的任务分解为若干个子任务，每个子任务又可分为很多的小子任务，每个小子任务只完成一项简单的功能。在程序设计时，用一个个小模块来实现这些功能，每个程序设计人员分别完成一个或多个小模块。我们称这样的程序设计方法为模块化的方法，由一个个功能模块构成的程序结构称为模块化结构。

在划分模块时需要注意模块与模块之间的独立性，尽量使一个模块能够完成一个功能，减少与其他模块之间的耦合性，提高模块的内聚度，这是模块化设计的基本思想。

由于把一个大程序分解成若干相对独立的子程序，每个子程序的代码一般不超过一页纸，因此对设计人员来说，编写程序代码变得不再困难。这时只需对程序之间的数据传输做出统一规范，程序由一组人员同时进行编写，分别进行调试，这就大大提高了程序编制的效率。

结构化程序设计的基本原则是自顶向下、逐步细化、模块化设计、结构化编码。程序编制人员在进行程序设计的时候，首先要从宏观上去把握，再逐步进行局部的细化。即应当集中考虑主程序的算法，写出主程序后再动手逐步完成子程序的调用。对于这些子程序也可用调试主程序的同样方法逐步完成其下一层子程序的调用。

1.3　C 语言简介

1.3.1　C 语言程序的基本结构及书写规则

（1）C 语言程序的基本结构

在学习 C 语言的具体语法之前，我们先通过一个简单的 C 语言程序示例，初步了解 C 语言程序的基本结构。

【例 1.1】　编写程序，输出文字：Hello C!。

```
#include <stdio.h>
main( )
{
    printf("Hello C!\n");
}
```

运行这个程序时，在屏幕上显示一行英文：

Hello C!

这是一个仅由 main 函数构成的 C 语言程序。main 是函数名，C 语言规定必须用 main 作为主函数名，函数名后面一对圆括号内是写函数参数的，本程序的 main 函数没有参数，故圆括号中间是空的，但圆括号不能省略。程序中的 "main( )" 是主函数的起始行，一个 C 程序总是从主函数开始执行。每一个可执行的 C 程序都必须有且仅有一个主函数，但可以包含任意多个不同名的函数。main( ) 后面被一对大括号 "{　}" 括起来的部分称为函数体。一般情况下，函数体由说明部分和执行部分组成。本例中只有执行部分而无说明部分。执行部分由若干语句组成。"\n" 是换行符，即在输出 "Hello C!" 后回车换行。

程序中的 "#include <stdio.h>" 通常称为命令行，命令行必须用 "#" 开头，行尾不能加 "；"，它不是 C 语言程序中的语句。一对括号 "<　>" 中的 "stdio.h" 是系统提供的头文件，该文件包含有关输入输出函数的说明信息。在程序中调用不同的标准库函数，应当包含相应的文件，以使程序含有调用的标准库函数的说明信息。至于应该调用哪个文件，将在以后的章节中陆续介绍。

【例 1.2】　已知两个整型数 8 和 12，用 C 语言程序求两数之积并显示结果（初学方法）。

```
#include <stdio.h>                     //标准输入输出头文件
void main()
{
    int a,b,s;                         //定义三个整型变量，为后续工作做准备
    a=8;b=12;                          /*将两整数值分别赋给两边长 a 和 b*/
    s=a*b;                             /*计算面积并存储到变量 s 中*/
    printf("a=%d,b=%d,s=%d\n",a,b,s);  /*输出矩形的两边长和面积*/
}
```

执行以上程序的输出结果如下：

```
a=8,b=12,s=96
```

此例题函数体内由定义（说明）部分、执行部分两部分组成，程序中的 "int a,b,s;" 为程

序的定义部分；从 "a=8;" 到 "printf("a=%d,b=%d,s=%d\n",a,b,s);" 是程序的执行部分。执行部分的语句称为可执行语句，必须放在定义部分之后，语句的数量不限，程序中由这些语句向计算机系统发出操作指令。

定义语句用分号 ";" 结束。在以上程序中只有一个定义语句，该语句对程序中用到的变量 a、b、s 进行定义，说明它们为 int 类型的变量。程序中 "a=8;" 和 "b=12;" 的作用是分别给矩形的两条边赋值，"s=a*b;" 的作用是计算出矩形面积并赋给变量 s。"printf("a=%d, b=%d,s=%d\n",a,b,s);" 的作用是按格式把 a、b 和 s 的值输出到屏幕。C 语言程序中的每一条执行语句都必须用分号 ";" 结束，分号是 C 语言程序的一部分，并不是语句之间的分隔符。

在编写程序时可以在程序中加入注释，用来说明变量的含义、语句的作用和程序段的功能，从而帮助人们阅读和理解程序。因此一个好的程序应该有详细的注释。在添加注释时，注释内容必须放在符号 "/*" 和 "*/" 之间或者 "//" 之后。"/*" 和 "*/" 必须成对出现，"/" 与 "*" 之间不可以有空格。注释可以用英文，也可以用中文，可以出现在程序中任意合适的地方。注释部分只是用于阅读，对程序的运行不起作用。按语法规定，在注释之间不可以再嵌套 "/*" 和 "*/"，比如："/*/*……*/*/" 这种形式是非法的。注意：注释从 "/*" 开始到最近的一个 "*/" 结束，其间的任何内容都被编译程序忽略。

【例 1.3】 键盘输入两个整型数，用 C 语言程序求两数之积并显示结果（采用模块化程序设计方法）。

```c
#include <stdio.h>
int sum(int x, int y)
{
    int s2;
    s2=x*y;
    return s2;
}
void main( )
{
    int num1,num2,s1;
    scanf("%d, %d", &num1,&num2);
    s1=sum(num1,num2);
    printf("sum=%d\n", s1);
}
```

运行这个程序时，输入 3,5↙　　　　(输入 3 和 5 给 num1, num2，↙ 代表按下 Enter 键)
在屏幕上显示：
```
sum=15
```

本程序是由 main 函数和一个被调用的函数 sum 构成的。其功能与例 1.2 差别不大，但采用的程序设计方法大不一样。

值得说明的是，上面几个程序举例涵盖后续章节诸多内容，因此暂不理解也无可厚非，暂时记住结构即可。

（2）书写程序时应遵循的一般规则
从书写清晰，便于阅读、理解、维护的角度出发，在书写程序时一般应遵循以下规则：
① 一个说明或一个语句占一行。
② 用{} 括起来的部分，通常表示了程序的某一层次结构。{}一般与该结构语句的第一

个字母对齐，并单独占一行。

③ 低一层次的语句或说明可比高一层次的语句或说明缩进若干格后书写，以便看起来更加清晰，增加程序的可读性。

在编程时应力求遵循这些规则，以养成良好的编程风格。

1.3.2　C 语言的基本标识符

（1）C 语言的字符集

字符是组成语言的最基本的元素。C 语言字符集由字母、数字、空白符、标点和特殊字符组成。在字符常量、字符串常量和注释中还可以使用汉字或其他可表示的图形符号。

① 字母。大小写英文字母共 52 个。

② 数字。0～9 共 10 个。

③ 空白符。空格符、制表符、换行符等统称为空白符。空白符只在字符常量和字符串常量中起作用，在其他地方出现时，只起间隔作用，编译程序对它们忽略不计。因此在程序中使用空白符与否，对程序的编译不发生影响，但在程序中适当的地方使用空白符将增加程序的清晰性和可读性。

④ 标点和特殊字符。

（2）标识符的命名规则

在 C 语言中，有许多符号的命名，如变量名、函数名、数组名等，都必须遵守一定的规则，按此规则命名的符号称为标识符。合法标识符的命名规则是：标识符可以由字母、数字和下划线组成，并且第一个字符必须是字母或下划线。在 C 语言程序中，凡是要求标识符的地方都必须按此规则命名。以下都是合法的标识符：

```
month, day, _pi, x1, YEAR, li_lei
```

以下都是非法的标识符：

```
￥100, 123.5, li-lei, x>y
```

在 C 语言的标识符中，大写字母和小写字母被认为是两个不同的字符，例如 year 和 Year 是两个不同的标识符。

标识符的长度（指一个标识符允许的字符个数）在 C 语言中是有规定的，规定标识符的前若干个字符有效，其余字符将不被识别。不同的 C 语言编译系统规定的标识符有效长度可能会不同。有的系统允许取 8 个字符，有的系统允许取 32 个字符。因此，在编写程序时应了解所用系统对标识符长度的规定。为了程序的可移植性以及阅读程序的方便，建议变量名的长度最好不要超过 8 个字符。

（3）标识符的分类

C 语言的标识符可以分为以下三类。

① 关键字。C 语言已经预先规定了一批标识符，它们在程序中都代表着固定的含义，不能另作他用，这些标识符称为关键字。关键字不能作为变量或函数名来使用，用户只能根据系统的规定使用它们。根据 ANSI 标准，C 语言可使用以下 32 个关键字：

auto	break	case	char	const	continue	default	do
double	else	enum	extern	float	for	goto	if

int	long	register	return	short	signed	sizeof	static
struct	switch	typedef	union	unsigned	void	volatile	while

② 预定义标识符。所谓预定义标识符是指在 C 语言中预先定义并具有特定含义的标识符，如 C 语言提供的库函数的名字（如 printf）和编译预处理命令（如 define）等。C 语言允许把这类标识符重新定义另作他用，但这将使这些标识符失去预先定义的原意。鉴于目前各种计算机系统的 C 语言都一致把这类标识符作为固定的库函数名或预编译处理中的专门命令使用，因此，为了避免误解，建议用户不要把这些预定义标识符另作他用。

③ 用户标识符。由用户根据需要定义的标识符称为用户标识符，又称自定义标识符。用户标识符一般用来给变量、函数、数组等命名。程序中使用的用户标识符除要遵守标识符的命名规则外，还应注意做到见名知义，即选择具有一定含义的英文单词（或其缩写）作标识符，如 day、month、year、total、sum 等，为了增加程序的可读性，一般不要用代数符号，如 a、b、c、x、y 等作标识符（简单数值计算程序例外）。

如果用户标识符与关键字相同，则在对程序进行编译时系统将给出出错信息；如果用户标识符与预定义标识符相同，系统并不报错，只是该预定义标识符将失去原有含义，代之以用户确认的含义，这样有可能会引发一些不必要的错误。

1.4　Visual C++ 2010 Express 集成开发环境

Visual Studio 2010 是微软公司于 2010 年推出的 Windows 平台应用程序开发环境。和以前版本不同的是，其集成开发环境（IDE）的界面被重新设计和组织，变得更加简单明了；同时带来了 NET Framework 4.0 和 Microsoft Visual Studio 2010 CTP（community technology preview），并且支持开发面向 Windows 7 的应用程序。

Visual Studio 2010 Express 是 Visual Studio 2010 的学习版，是一套免费工具，它为非专业开发人员提供了新的集成开发环境，包括一个新的 WPF 编辑器以支持全新的 NET Framework 4.0。Visual Studio 2010 Express 简化用户体验，同时对工具栏和菜单进行了大量改进，常用指令的调用更加快捷方便。我们应用其中的 Visual C++ 2010 Express 运行 C 语言程序。

（1）Visual C++ 2010 Express 集成开发环境下载地址

下载地址

（2）在 Visual C++ 2010 Express 下运行 C 语言程序

① 启动 Visual C++ 2010 Express。单击 Windows 窗口的"开始"→"所有程序"→"Microsoft Visual Studio 2010 Express"→"Microsoft Visual C++ 2010 Express"，启动 Visual C++ 2010 学习版并打开"起始页-Microsoft Visual C++ 2010 学习版"窗口。如图 1.7 所示。

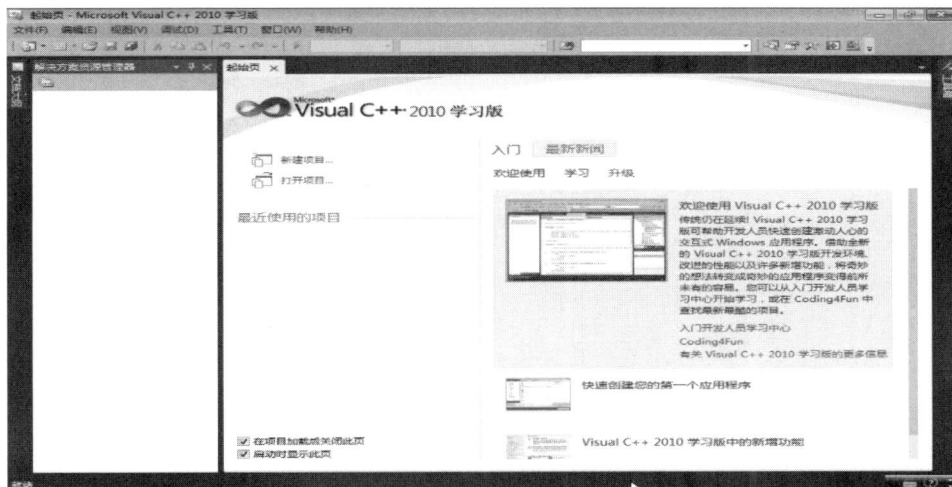

图 1.7　"起始页-Microsoft Visual C++ 2010 学习版"窗口

② 创建项目。Visual Studio 2010 Express 不支持单个源文件的编译，开发程序时必须先创建项目再添加源文件，不同类型的程序对应不同类型的项目。

打开 Visual C++ 2010 Express，在上方菜单栏中选择"文件"→"新建"→"项目"或者按下"Ctrl+Shift+N"组合键，都会弹出图 1.8 所示的对话框，选择"Win32 控制台应用程序"，填写好项目名称，选择好存储路径，点击"确定"按钮可以调出图 1.9 所示的"Win32 应用程序向导"对话框。点击"下一步"按钮，弹出新的对话框如图 1.10 所示。取消"附加选项"中的"预编译头"，再勾选"空项目"，然后点击"完成"按钮就创建了一个新的项目。如图 1.11 所示。

图 1.8　"新建项目"对话框

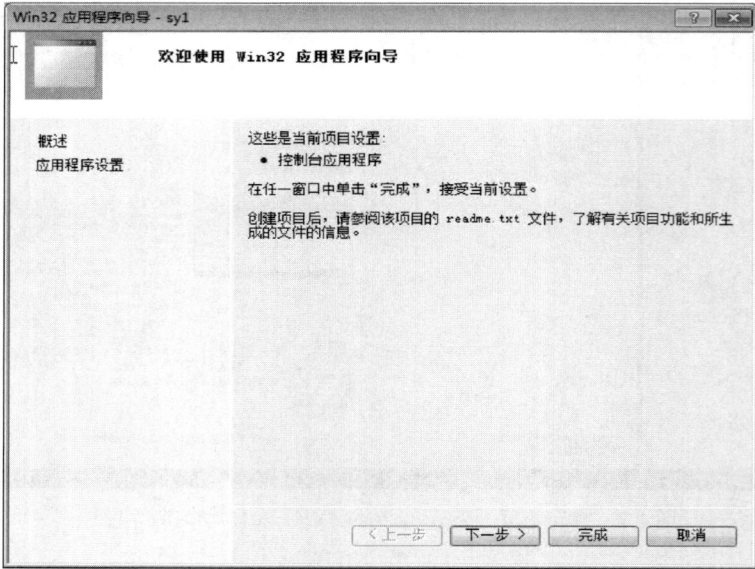

图 1.9　"Win32 应用程序向导"对话框 1

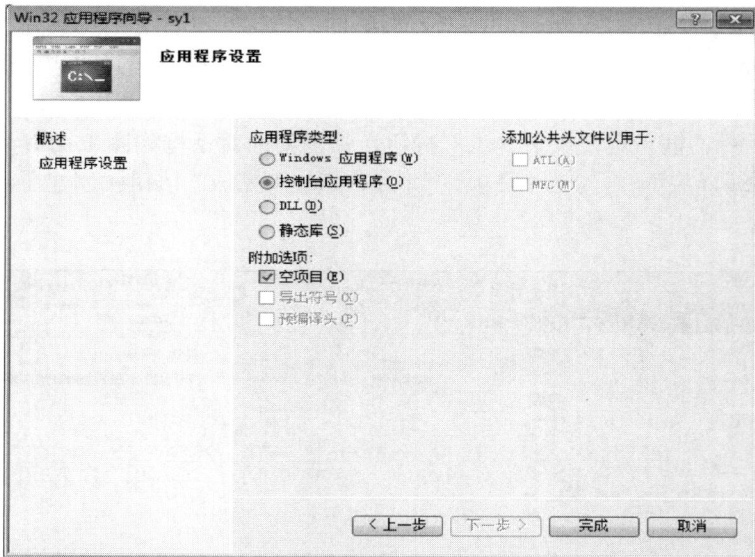

图 1.10　"Win32 应用程序向导"对话框 2

③ 添加源文件。在图 1.11 的"解决方案资源管理器"窗格中"源文件"处单击鼠标右键，在弹出菜单中选择"添加→新建项"会打开图 1.12 所示的"添加新项"对话框。在"代码"分类中选择"C++文件(.cpp)"，填写文件名，点击"添加"按钮就添加了一个新的源文件。

注意：C 语言源程序的文件扩展名一定为.c。

此时可以在图 1.13 所示的窗口中编辑 C 语言源程序了。

④ 运行程序。将完整的 C 语言源程序添加到 hello.c 中，点击"运行"按钮，或者按下"F5"键，就可以完成程序的编译、链接和运行。

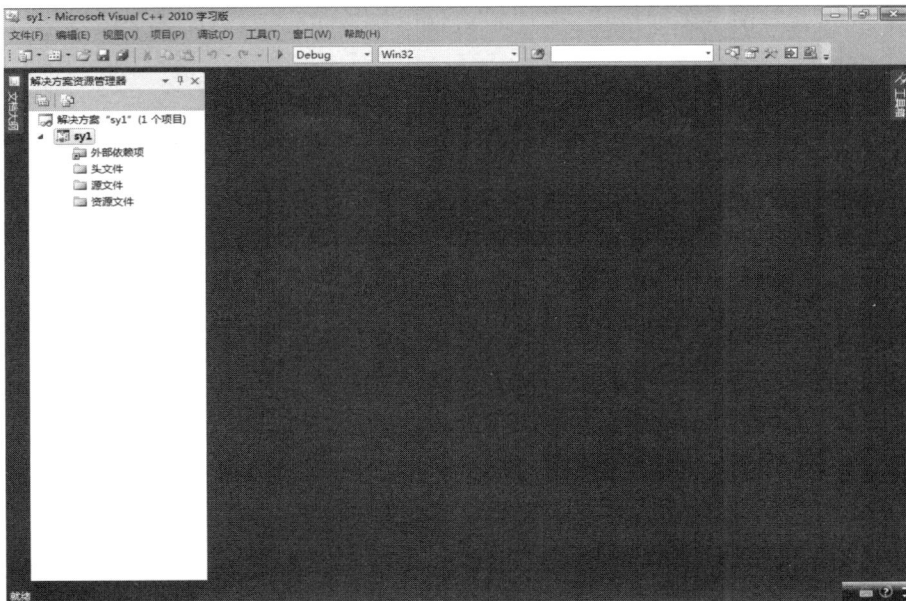

图 1.11 项目窗口

图 1.12 "添加新项"对话框 1

注意：如果代码中没有添加"system("pause");"暂停语句，点击"运行"按钮或者按下"F5"键运行，程序会一闪而过，只能看到一个"黑影"。如果想让程序自动暂停，可以按下"Ctrl+F5"组合键运行。

（3）创建一个应用程序

创建一个简单的应用程序，在屏幕上显示"Hello World"。使用 Visual C++ 2010 Express

编写一个 C 语言程序的过程简单且容易。同样可以按照此方法在 Visual C++ 2010 Express 中调试运行已有的 C 语言程序。

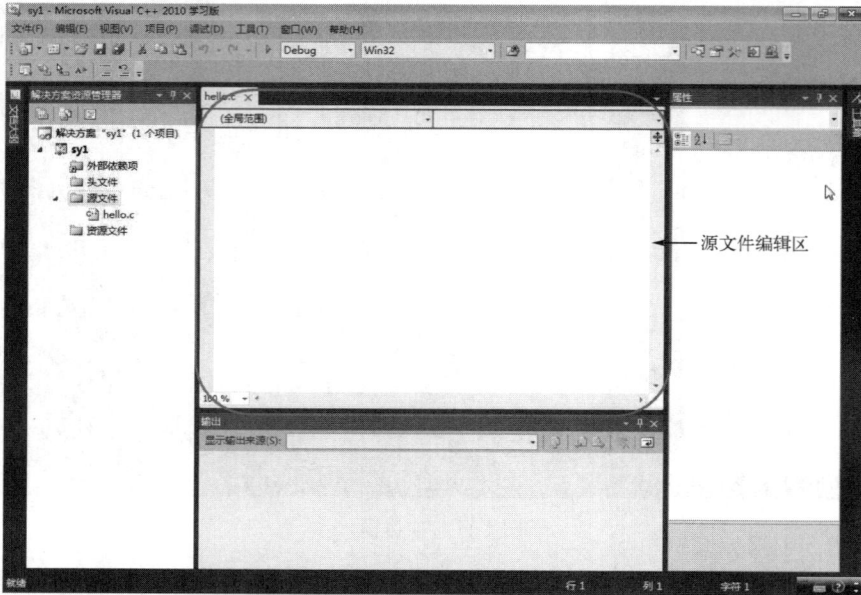

图 1.13 "添加新项"对话框 2

在图 1.13 的编辑区中，编辑 C 语言源程序，如图 1.14 所示。单击工具栏中的"保存"按钮，保存该文件。可以按下"Ctrl+F5"组合键运行。若程序有错误，则编译不能通过，可通过图 1.15 所示的输出窗格查看错误信息，对程序进一步修改；若程序正确，即可看到程序的运行结果，如图 1.16 所示。

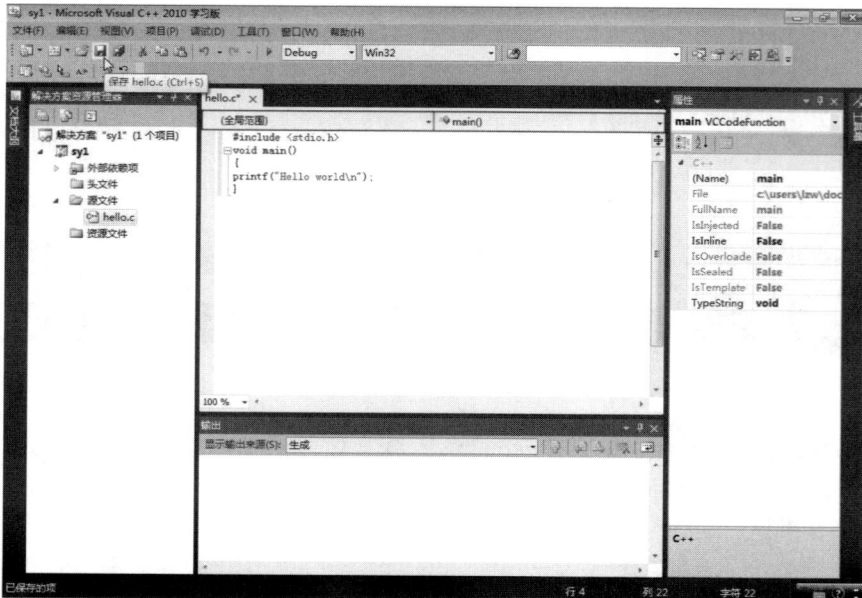

图 1.14 编辑源文件

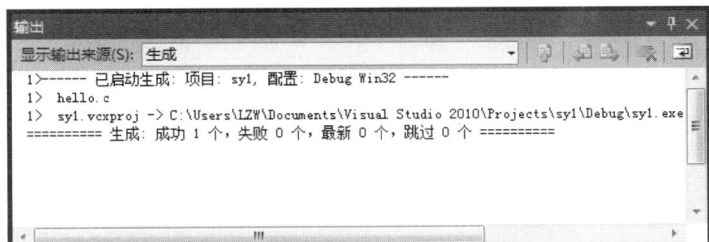

图 1.15　输出窗格

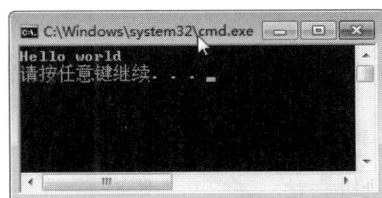

图 1.16　程序的运行结果

在线习题

第 1 章视频微课二维码

使用方法：使用手机扫描下方二维码可以获得教师授课视频，用于课后学习、巩固课堂讲授内容。

第2章
数据类型、运算符与表达式

2.1　C语言的数据类型

　　数据是计算机程序处理的所有信息的总称，数值、字符、文本等都是数据，而数据又是以某种特定形式存在的，不同的数据其存储形式是不一样的，例如，年龄 19，那么 19 就是个整数，圆周率是 3.14159 就是实数，英文的 26 个字母就是字符型数据，等等。C 语言提供了十分丰富的数据类型，每种数据类型是对一组变量的性质及作用在它们之上的操作的描述，它包括该数据在内存中的存储格式和该类型的数据能进行的运算。所谓数据类型是按被定义变量的性质、表示形式、占据存储空间的多少、构造特点来划分的，可以说一种语言的数据类型丰富与否是衡量这种语言是否强大的一个重要标准。在 C 语言中，数据类型可分为：基本类型、构造类型、指针类型、空类型四大类，如图 2.1 所示。

　　由图 2.1 可知，C 语言的数据类型非常丰富，但无论使用哪种数据类型，都必须先说明类型然后再使用。在本章中，我们先介绍基本类型（包括整型、浮点型和字符型）和指针类型，其余类型在以后各章中陆续介绍。

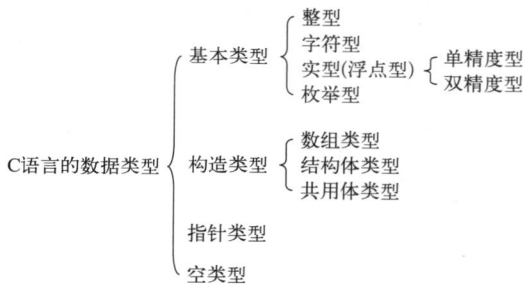

C语言的数据类型
- 基本类型
  - 整型
  - 字符型
  - 实型(浮点型)
    - 单精度型
    - 双精度型
  - 枚举型
- 构造类型
  - 数组类型
  - 结构体类型
  - 共用体类型
- 指针类型
- 空类型

图 2.1　C 语言的数据类型

2.2　整型常量与变量

2.2.1　常量与变量的概念

　　所谓常量是指在程序运行过程中，其值不能改变的量。在 C 语言中，常量分为：整型常量、实型常量、字符常量、字符串常量和符号常量。如：15 是整型常量，3.14159 是实型常量，'a'是字符常量，"abc123"是字符串常量，符号常量将在 2.4 节中介绍。前四种常量称为直接常量。

变量是指在程序运行过程中，其值可以改变的量。如：y=2x+3 中的 x 和 y 都可以看作变量。变量实质上就是内存中的一个存储单元，在程序中对某个变量的操作实际上就是对这个存储单元的操作。在程序中对变量的使用要注意以下几个方面。

① 用户定义的变量名字要符合标识符的命名规则；

② 程序中的所有变量必须先定义后使用；

③ 变量定义的位置应该在函数体内的前部、复合语句的前部或函数的外部；

④ 在定义变量的同时要说明其类型，系统在编译时根据其类型为其分配相应的存储单元。

上述定义 C 语言变量时的注意事项恰恰符合我们做事的规律，就像如果要很好地完成一项任务我们要做许多准备工作一样，准备工作做得好，完成任务时就非常顺利！

2.2.2　整型常量

整型常量即整数，按照不同的进制区分，整数有三种表示形式。

① 十进制：以非 0 开始的数，数码取值范围是 0～9，可以是正数、负数，如 25、−36、+23 等。

② 八进制：以 0 开始的数，数码取值为 0～7，如 037、0123 等。

③ 十六进制：以 0x 或 0X 开始的数，数码取值为 0～9，A～F 或 a～f，如 0x2a、0Xad、0x123 等。

注意：在 C 语言中只有十进制可以是负数，八进制和十六进制只能是正数。

另外，可以在一个整型常数的后面添加一个 L 或 l 字母来说明该数是长整型数，如 25L、037l、0x3dl 等。还可以在一个整型常数的后面添加一个 U 或 u 字母来说明该数是无符号整型数，如 25U、037u、0x3du 等。

2.2.3　整型变量

（1）整型变量的分类

整型变量分为以下四种类型：

① 基本型：以 int 表示，在内存中占 2 个字节（在 VC++环境下占 4 个字节）。

② 短整型：以 short int 或 short 表示，所占字节和取值范围均与基本型相同（在 VC++环境下占 2 个字节）。

③ 长整型：以 long int 或 long 表示，在内存中占 4 个字节。

④ 无符号型：以 unsigned 表示。

无符号型又可与上述三种类型匹配而构成：

无符号基本型：类型说明符为 unsigned int 或 unsigned。

无符号短整型：类型说明符为 unsigned short。

无符号长整型：类型说明符为 unsigned long。

各种无符号类型量所占的内存空间字节数与相应的有符号类型量相同，但由于省去了符号位，故不能表示负数。图 2.2 所示为整型数据在内存中的存放方式。

有符号短整型变量：能够存储的最大数值为 32767，最小数值为-32768。

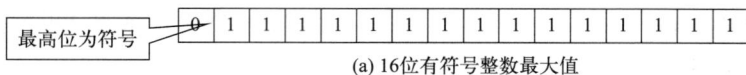

(a) 16位有符号整数最大值

无符号短整型变量：能够存储的最大数值为 65535，最小数值为 0。

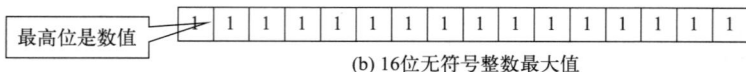

(b) 16位无符号整数最大值

图 2.2　整型数据在内存中的存放方式

不同的编译系统或计算机系统对这几类整型数据所占用的字节数有不同的规定。表 2.1 列出了在 VC++环境下给各类整型变量分配的内存字节数及数的表示范围。

表 2.1　在 VC++中定义的整型变量所占的字节数和值域

类型说明符		字节数	数的范围	
unsigned	[int]	4	0～4294967295	$(0～2^{32}-1)$
[signed]	int	4	−2147483648～2147483647	$(-2^{31}～2^{31}-1)$
unsigned	short [int]	2	0～65535	$(0～2^{16}-1)$
[signed]	short [int]	2	−32768～32767	$(-2^{15}～2^{15}-1)$
[signed]	long [int]	4	−2147483648～2147483647	$(-2^{31}～2^{31}-1)$
unsigned	long [int]	4	0～4294967295	$(0～2^{32}-1)$

注：[ ]里的内容可以省略。

如果在定义整型变量时不指定 unsigned，则默认为有符号（signed）。

（2）整型变量的定义

变量定义的一般形式为：

变量的存储类别　变量的类型名　变量名的标识符,…;

例如：

```
auto int a,b,c;             /*定义三个动态的整型变量*/
static long x,y;            /*定义两个静态的长整型变量*/
regisiter unsigned p,q;     /*定义两个寄存器型的无符号整型变量*/
```

在进行变量定义时，应注意以下几点：

① 允许在一个类型说明符后，定义多个相同类型的变量。各变量名之间用逗号间隔。类型说明符与变量名之间至少用一个空格间隔。

② 最后一个变量名之后必须以"；"结尾。

③ 变量定义必须放在变量使用之前。一般放在函数体的开头部分、复合语句的开头部分或函数体外。

④ "变量的存储类别"可以省略，当省略时默认的存储类别是 auto 型。

【例 2.1】 整型变量的定义与使用。

```
#include<stdio.h>
void main()
{  int x,y,z;                /*定义三个整型变量*/
   x=3;                      /*变量 x 的值为 3*/
```

```
    y=5;                      /*变量 y 的值为 5*/
    z=(x+y)*10;               /*计算表达式的值，然后赋给变量 z*/
    printf("z=%d\n",z);       /*输出 z 的值*/
}
```

运行结果：

```
z=80
```

2.3　实型常量与变量

2.3.1　实型常量

实型常量又称为实数或浮点数，一般用小数形式和指数形式来表示。实型常量分为以下两种形式。

（1）小数形式

由数字、小数点以及正负号组成，如 1.23、-23.46、0.0、.234、223.等都是合法的实数。

（2）指数形式

在 C 语言中，用"e"或"E"后跟一个整数来表示以 10 为底的幂。如 1.23e-2、345E+3、3.5e2 等都是合法的指数形式，而 e2、1.3E2.5、e、2e、3.6e-2 等都是不合法的指数形式。

使用指数形式要注意以下两个方面：

① "e"或"E"前后必须有数，并且"e"或"E"的后面必须是整数。

② "e"或"E"与其前后的数字之间不允许有空格存在。

2.3.2　实型变量

实型数据与整型数据在内存中的存储方式不同，实型数据是按指数形式存放的，系统把一个实数分成小数和指数两个部分存放，指数部分采用规范化的指数形式，规范化的含义请参阅有关书籍，在此不予赘述，总之小数部分占的位数愈多，数的有效数字位数愈多，精度愈高；指数部分占的位数愈多，则能表示的数值范围愈大，但精度就会降低。

（1）实型变量的分类

实型变量分为以下三种类型：

单精度浮点型：以关键字 float 表示，在内存中占 4 个字节。

双精度浮点型：以关键字 double 表示，在内存中占 8 个字节。

更高精度浮点型：以关键字 long double 表示，在内存中占 16 个字节。表 2.2 列出了在 VC++环境下给各类实型量所分配的内存字节数及数的表示范围。

实型变量的存储单元是有限的，因此提供的有效数字是有限的，单精度实数只能保证 7 位有效数字，双精度实数只能保证 15 位有效数字，在有效位以外的数字是没有意义的，因此会产生一些误差。

表 2.2　在 VC++中定义的实型变量所占的字节数和值域

类型说明符	字节数	有效数字	数的范围
float	4	6～7	10^{-37}～10^{38}
double	8	15～16	10^{-307}～10^{308}
long double	16	18～19	10^{-4931}～10^{4932}

例如：一个单精度型变量 a 等于 12345.678，其有效数值是 12345.67。

由于实数存在舍入误差，在使用时应注意：

① 根据实际需要来选择单精度或双精度。

② 避免用一个实数来准确表示一个大整数。

③ 由于实数在存储时会有一些误差，因此实数一般不能直接进行相等判断，而是进行接近或近似判断。

④ 由于在 Turbo C 或 VC++环境下进行实数输出时限制了小数点后最多保留 6 位，因此在进行输出时有效数值范围内的其余部分要进行四舍五入。

⑤ 实型常量不分单、双精度，都按双精度 double 型处理。

（2）实型变量的定义

变量定义的一般形式为：

变量的存储类别　变量的类型名　变量名的标识符,…;

例如：

```
float  a,b,c;                /*定义三个单精度型变量*/
double  x,y;                 /*定义两个双精度型变量*/
```

【例 2.2】 实型变量的定义与使用示例。

```
#include<stdio.h>
void main()
{  float  x,y;                        /*定义两个单精度型变量*/
   double  z;                         /*定义一个双精度型变量*/
   x=12345.678;                       /*变量 x 的值为 12345.678*/
   y=12345.673;                       /*变量 y 的值为 12345.673*/
   z=12345.33333378999;               /*变量 z 的值为 12345.33333378999*/
   printf("x=%f\ny=%f\nz=%lf\n",x,y,z);  /*输出 x,y,z 的值*/
}
```

运行结果：

```
x=12345.677734
y=12345.672852
z=12345.333334
```

从程序运行结果可以看出，结果和我们在程序中赋予的原值并不相同，那么是什么原因造成的呢？原因就是有效数字以及 C 语言默认输出小数位数是 6 位，这一点请读者细细品味。

2.4 字符型常量与变量

2.4.1 字符常量

（1）基本字符常量

字符常量是用单引号括起来的一个字符。

例如：

$$'a'、'A'、'='、'+'、'!'$$

都是合法字符常量,注意'a'和'A'是不同的字符常量。

一个字符常量占一个字节的存储空间,在相应的存储单元中存放的是该字符的 ASCII 值,即一个整数值，因此在后续内容中将看到，字符常量可以像整数一样参加数值运算。

例如'a'的 ASCII 值是 97，在内存中的存储形式如下：

0	1	1	0	0	0	0	1

所以也可以把它们看成整型量。C 语言允许对整型变量赋以字符值，也允许对字符变量赋以整型值。在输出时，允许把字符量按整型量输出，也允许把整型量按字符量输出。但由于整型量占 2 个字节或 4 个字节，字符量占单字节，因此当整型量按字符量处理时，只有数值的低八位参与处理。

（2）转义字符常量

除了上述形式的字符常量以外，C 语言还定义了一些特殊的以 "\" 开头的字符序列，称为转义字符。转义字符是一种具有特殊含义的字符常量，之所以称 "转义"，是由于改变了字符的原有意义，如 "\n" 中的 n 不代表字母 n，而是代表换行符。常用的转义字符如表 2.3 所示。

表 2.3　常用的转义字符及其含义

转义字符	转义字符的意义	ASCII 代码
\n	回车换行	10
\t	横向跳到下一制表位置	9
\b	退格	8
\r	回车	13
\f	走纸换页	12
\\	反斜线符	92
\'	单引号符	39
\"	双引号符	34
\a	鸣铃	7
\0	空字符	0
\ddd	1~3 位八进制数所代表的字符	
\xhh	1~2 位十六进制数所代表的字符	

广义地讲，C 语言字符集中的任何一个字符均可用转义字符来表示。表中的\ddd 和\xhh 正是为此而提出的。ddd 和 hh 分别为八进制和十六进制的数码。如'\101'表示字母'A'，'\141' 表示字母'a'，'\134'表示反斜线，'\012'表示换行等。

注意：

① 字符常量只能用单引号括起来，不能用双引号或其他符号括起来。

② 字符常量只能是单个字符，不能是字符串，尤其注意的是转义字符，比如上文提到的一些用单引号括起来的多个字符，虽然看似多个，其实代表的是一个字符。

③ 字符可以是字符集中的任意字符。但数字被定义为字符型之后就不能按原数值参与运算了，而是以其 ASCII 值参与运算。如'6'和 6 是不同的。'6'是字符常量，而 6 是整型常量，参与算术运算时前者数值是 54，后者是原值。

2.4.2 字符串常量

字符串常量是使用英文双引号限定的字符序列，这个字符序列包括的字符个数称为字符串的长度，其长度允许为 0，每个字符串在存储时都占用一段连续的存储单元，每个字符占用一个字节，系统自动在每个字符串的尾部附加一个结束标识符'\0'，因此长度为 n 的字符串常量在内存中要占用 $n+1$ 个字节的空间，下列都是合法的字符串常量。

```
"CHINA"
"12345"
"This is a C program!"
" "                 表示一个空格符
""                  表示什么字符也没有
"\n"                表示一个转义字符换行
"ab"
```

字符串常量"CHINA"在内存中的存储形式如下：

| C | H | I | N | A | \0 |

注意：字符常量'A'与字符串常量"A"在内存中的存储方式不同。

字符常量'A'的存储方式 —— | A |

字符串常量"A"的存储方式 —— | A | \0 |

字符常量与字符串常量的区别：

① 定界符不同。字符常量使用单引号，而字符串常量使用双引号。

② 长度不同。字符常量的长度固定为 1，而字符串常量的长度可以为 0，也可以是某个整数。

③ 存储要求不同。字符常量存储的是字符的 ASCII 码值，而字符串常量除了要存储字符串常量的有效字符外，还要存储一个字符串的结束标识符'\0'。

说明：在 C 语言中，没有专门的字符串变量，字符串常量如果要存放在变量中要用字符数组来处理，字符数组将在后续章节中讲到。

2.4.3 符号常量

在程序设计中，需要多次用到某些常数，或者有些值在程序中多次出现时，就可以将这些常量值定义为符号常量，这样在阅读和修改程序时就特别方便，C 语言中定义符号常量的方法是在函数体外专门定义，也只有在定义之后才能使用。定义符号常量的一般格式如下：

```
#define  符号常量名    常量
```

例如：

```
#define  PI  3.14159
```

该命令定义了符号常量 PI，后续程序中只要看到 PI 字样，它就表示常数 3.14159。请看下例。

【例 2.3】　符号常量的使用。

```
#include<stdio.h>
#define  PI  3.14159
void main()
{
    float  r, s, l;
    r=3.6;
    l=2*PI*r;
    s=PI*r*r;
    printf("l=%f   s=%f\n", l,s);
}
```

输出结果：

```
l=22.619448    s=40.715004
```

本例中在 main()外部使用宏定义命令#define　PI　3.14159 定义了符号常量 PI，PI 即常量 3.14159，如果将 3.14159 写成 3.14，那么此时的 PI 即 3.14，并且一旦确定，其值在函数体中不可以被改变。有关宏定义的详细讲解请参考后续章节。

2.4.4　字符型变量

（1）字符型变量分类

一个字符型变量只能存储一个字符，占用内存的一个字节，在这个位置存储的是该字符的 ASCII 码值，是一个 8 位二进制的整数。例如，当一个变量存储字符'A'时，实际上是存储了该字符的 ASCII 码值 65，由于整数存在有符号和无符号之分，因此字符型变量分为有符号字符型变量和无符号字符型变量，分别用 signed char 和 unsigned char 来说明。通常只用 char 来说明字符型变量，它相当于 signed char，即它将转换成有符号的整数，数值范围是−128～+127，而 unsigned char 型变量的数值范围是 0～255。

（2）字符型变量定义

变量定义的一般形式为：

```
变量的存储类别  变量的类型名  变量名的标识符,…;
```

例如：

```
char  c1,c2;                    /*定义两个有符号字符型变量*/
unsigned char  ch;             /*定义一个无符号字符型变量*/
```

（3）字符型数据的使用

字符型数据既能以字符形式输出，也能以整数形式输出。以字符形式输出时，先将内存中的 ASCII 码转换成其对应的字符，然后输出。以整数形式输出时，则直接将 ASCII 码作为整数输出。字符型数据也可直接参与算术运算。请读者运行如下程序。

【例 2.4】 字符型变量与整数的关系应用举例。

```c
#include<stdio.h>
void main()
{  char  ch1,ch2;
   int  i;
   ch1='B';
   ch2=66;
   i=ch1+32;
   printf("%c,%d\n", ch1,ch1);
   printf("%c,%d\n", ch2,ch2);
   printf("%c,%d\n", i,i);
}
```

输出结果：

```
B,66
B,66
b,98
```

通过例子可以看出：

① 字符型变量的值可以赋给一个整型变量。

② 整数值能以字符形式输出，反之亦然，主要取决于格式控制符，格式控制符的详细讲解请关注后续章节。

③ 字符型数据可以和整型数据进行混合运算。

2.5 赋值运算符和赋值表达式

在前面的程序中，多次出现了"="，初学者要注意这个符号，虽然和数学中的等号模样相同，但含义天差地别。程序中的"="是一个赋值运算符，由赋值运算符组成的表达式称为赋值表达式，其形式为"变量名=表达式"；赋值运算符的左边必须是已经设定好的变量名，赋值运算符的右边必须是 C 语言中的合法表达式（包括变量和常量）。赋值运算符的功能是先求出右边表达式的值，然后把这个值赋给左边的变量。

例如，有如下程序段：

```c
int a,b;                /*定义两个整型变量*/
a=5;                    /*把常量 5 赋给变量 a*/
b=a+3;                  /*把 a 中的值加上常数 3，然后再赋给变量 b，a 中的值不变*/
```

在程序中可以多次给某一个变量赋值，每赋值一次，其相应的存储单元中的数据就被更新一次，存储单元中的当前数据就是最后一次所赋数据。

【例 2.5】 变量的赋初值与变量的赋值关系举例。

```c
#include<stdio.h>
void main()
{
    int a=5,b=5,c,d;   /*给变量 a 和 b 赋初值为 5，而变量 c 和 d 目前的值为随机整数*/
```

```
    c=6;                    /*给变量 c 赋值 6，这时变量 c 中的值为 6*/
    d=6;                    /*给变量 d 赋值 6，这时变量 d 中的值为 6*/
    printf("%d,%d\,%d,%d\n", a,b,c,d);        /*输出变量 a,b,c,d 的值*/
}
```
输出结果：
```
5,5,6,6
```

2.6　算术运算符和算术表达式

2.6.1　C 语言运算符简介

C 语言的运算符十分丰富，且应用非常广泛，分为以下几类：

① 算术运算符　　　　　　　　　　　（+、−、*、/、%）；
② 关系运算符　　　　　　　　　　　（>、<、==、>=、<=、!=）；
③ 逻辑运算符　　　　　　　　　　　（!、&&、||）；
④ 位运算符　　　　　　　　　　　　（<<、>>、~、|、^、&）；
⑤ 赋值运算符　　　　　　　　　　　（=及其扩展赋值运算符）；
⑥ 条件运算符　　　　　　　　　　　（? :）；
⑦ 逗号运算符　　　　　　　　　　　（,）；
⑧ 指针运算符　　　　　　　　　　　（*和&）；
⑨ 求字节运算符　　　　　　　　　　（sizeof）；
⑩ 强制类型转换运算符　　　　　　　（（类型））；
⑪ 分量运算符　　　　　　　　　　　（. 、->）；
⑫ 下标运算符　　　　　　　　　　　（[ ]）；
⑬ 其他　　　　　　　　　　　　　　[如函数调用运算符()]。

本节只介绍算术运算符和强制类型转换运算符，在后面各章节中将陆续介绍其他的运算符。

2.6.2　算术运算符和算术表达式

（1）基本算术运算符

基本算术运算符有：−（取负）、+（取正）、+（加）、−（减）、*（乘）、/（除）、%（取模或求余）。

其中，−（取负）、+（取正）称为单目运算符，即需要一个运算对象，如−5、+3；+（加）、−（减）、*（乘）、/（除）、%（取模或求余）称为双目运算符，即需要两个运算对象，如5+5、9%6 等。

使用算术运算符要注意以下几点：

① 除法运算符"/"的运算结果和其运算对象有关，如果两个符号相同的整数相除则结果是整数，如 5/3 的结果为 1，2/3 的结果为 0，舍去小数部分，并且不进行四舍五入。两个运算对象中只要有一个是实数，则运算结果就是实数。如 1.0/2 的结果为 0.5。如果两个运算对象中有一个是负数，则舍入的方向是不固定的。例如，−5/3 在有的系统中结果为−1，有的

系统结果为–2。多数 C 语言编译系统一般采用"向零取整"原则，即按其绝对值相除后再加负号，因此–5/3=–1。还要注意，除数不能为 0。

② 求余运算符"%"要求其运算对象必须是整数，但可正可负。对于有负数的情况一般采用以下规则：即先按其绝对值进行求余运算，然后取被除数的符号作为余数的符号。例如：–5%3=–2，5%–3=2。

③ 对于乘方运算。C 语言的算术运算符中没有乘方运算符，例如计算 2^3，应写成 2*2*2，高次幂时要使用 pow(x,n)函数，其含义是：x^n。

（2）算术表达式

由算术运算符和运算对象构成的表达式称为算术表达。圆括号"()"允许出现在任何表达式中。例如：

```
-a*(x+y-1.5)+25/9%6
(x+y)/z+sin(x*y)
sqrt(b*b-4*a*c)
fabs(x)
2*a
```

其中，sin()和 sqrt()和 fabs()是 C 语言提供的标准函数，用于完成数学上的正弦运算、平方根运算和求绝对值运算，最后一个表达式 2*a 不能写成 2a。

（3）算术运算符的优先级和结合性

① 算术运算符的优先级从高到低为：（）→–（取负）→*（乘）、/（除）、%（取模或求余）→+（加）、–（减）。

其中，乘法、除法和求余运算的优先级相同，加法、减法的运算优先级相同。

例如，有下列算术表达式：

```
-3*2/4+2.5-3*(2/4)+25/9%3
```

其运算结果为：3.5。

② 在算术运算符中，只有单目运算符"+""–"的结合性是从右到左的，其余运算符的结合性都是从左到右。

例如，计算右侧表达式的值：-x/(y+1.5)-19%6*2。

求值过程如下：

（a）求–x 的值；

（b）求 y+1.5 的值；

（c）求(a)/(b)的值；

（d）求 19%6；

（e）求(d)*2 的值；

（f）求(c)–(e)的值。

2.6.3 复合赋值运算符及表达式

在赋值运算符之前加上其他运算符可以构成复合赋值运算符，在 C 语言中共有 10 种复合赋值运算符，其中与算术运算符有关的复合赋值运算符有+=、–=、*=、/=、%=（注意：两个符号之间不可以有空格）。复合赋值运算符的优先级与赋值运算符的优先级相同，运算方向自右向左。

+=：a+=b 等价于 a=a+b。

−=：a−=b 等价于 a=a-b。

=：a=b 等价于 a=a*b。

/=：a/=b 等价于 a=a/b。

%=：a%=b 等价于 a=a%b。

例如，"a-=b+3;" 等价于 "a=a-(b+3);"。

【例 2.6】　已知变量 a 的值为 6，计算表达式 a+=a-=a+a 的值。

分析：

① 先计算 "a+a"，因为 a 的初值为 6，所以该表达式的值为 12。注意 a 的值未变。

② 再计算 "a-=12"，相当于 "a=a-12"，因为 a 的值仍为 6，所以表达式的值为−6。注意此时 a 的值已为-6。

③ 最后计算 "a+=-6"，相当于 "a=a+(-6)"，因为此时 a 的值已为-6，所以表达式的值为−12。

由此可知，表达式 a+=a-=a+a 的值为-12。

【例 2.7】　分析下面程序的运行结果。

```
#include<stdio.h>
void main()
{   int n=4;
    n+=n-=n*n;
    printf("n=%d \n",n);
}
```

输出结果：

```
n=-24
```

2.6.4　各类数值型数据之间的混合运算

C 语言允许在一个表达式中出现多种数据类型，在进行运算时，不同类型的数据首先按规则进行类型转换，然后再进行运算，转换的方法有两种：一种是自动转换，一种是强制类型转换。

（1）自动转换（隐式转换）

在 C 语言中，整型、实型、字符型的数据都可以混在一起进行运算。例如：

```
2.5*2+5/3+6*'c'-'2'
```

该表达式在 C 语言中是合法的。字符型数据是以它对应的 ASCII 码值参与运算的，上面的表达式相当于 2.5*2+5/3+6*99−50。

那么上面表达式的值是多少呢？是整型数？还是实型数？这就涉及不同数据类型的自动转换了。自动转换发生在不同数据类型混合运算时，由编译系统自动完成。自动转换遵循下面的规则：

① 若参与运算的数据类型不一致，则先转换成同一类型，然后进行运算。

② 转换按数据长度增加的方向进行，以保证精度不降低。例如，int 型和 long 型运算时，先把 int 型转换成 long 型后再计算。

③ 所有的实数运算都以双精度进行，即使含有 float 单精度量运算的表达式，也要先转换成 double 型，再进行运算。

④ char 型和 short 型参与运算时，必须先转换成 int 型。

⑤ 在赋值运算中，赋值运算符两侧运算量的数据类型不同时，赋值运算符右边运算量的数据类型将转换为左侧变量的类型。当右侧运算量的数据类型长度比左侧长时，会降低精度。

图 2.3 表示了各数据类型自动转换的规则。

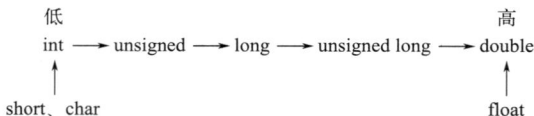

图 2.3 各数据类型自动转换规则

图 2.3 中向上的箭头表示必定的转换：char 型、short 型在运算时一律先转换为 int 型；float 型数据在运算时一律先转换为 double 型，以提高运算精度。

横向向右的箭头表示当运算对象为不同类型时转换的方向。例如，int 型与 double 型数据在一起运算时，先将 int 型数据转换成 double 型，然后进行两个同类型（double 型）数据的运算，结果为 double 型。

现在我们再来分析一下表达式 2.5*2+5/3+6*'c'-'2'的运算和类型转换过程：

① 进行 2.5*2 的运算，先将 2.5 和 2 转换成 double 型（小数点后加若干个 0），运算结果为 double 型。

② 进行 5/3 的运算，由于运算对象一致，故结果为 1。

③ 进行①和②的加运算，先将②转换成 double 型，然后再进行运算，运算后的结果为 double 型。

④ 进行 6*'c'的运算，先将'c'转换成整数 99，运算结果为 594。

⑤ 进行③和④的加运算，先将④转换成 double 型，然后再进行运算，运算后的结果为 double 型。

⑥ 进行⑤与'2'的减运算，先将'2'转换成整数 50，再将 50 转换成 double 型，然后再进行运算，运算后的结果为 double 型。

【例 2.8】 不同类型数据间的算术运算。

```
#include<stdio.h>
void main()
{  float  a,b,c;
   a=9/2;
   b=9/2*1.0;
   c=1.0*9/2;
   printf("a=%f,b=%f,c=%f \n", a,b,c);
}
```

程序运行结果：

```
a=4.000000,b=4.000000,c=4.500000
```

（2）强制类型转换

有时 C 编译系统无法实现自动转换时就需要强制转换。利用强制类型转换运算符可以将一个表达式的值的类型转换成需要的类型。其一般形式如下：

(类型名) (表达式)

"类型名"称为强制类型转换运算符。

例如，表达式(double)(x+y)的功能就是将 x+y 的值转换成 double 型的；表达式(float)(5%3)的功能就是将 5%3 的值转换成 float 型的。

假设整型变量 a 值为 25，则表达式(float)(a)的值为 25.0。

使用强制类型转换要注意以下几个方面：

① 强制类型转换运算符一定要用一对小括号括起来。

如，int(x+y)就是不合法的强制类型转换表达式。

② 强制类型转换中的表达式一定要用括号括起来，否则仅对紧跟强制类型转换运算符的量进行类型转换。而对单一数值或变量进行强制类型转换时，则可不加括号。例如：

```
(int)a+b            /*将变量 a 的值转换成 int 型再与变量 b 相加*/
(int)(a+b)          /*将 a+b 的值转换成 int 型*/
(float)a/5          /*将变量 a 的值转换 float 型再除以 5*/
(float)(a/5)        /*将 a/5 的值转换成 float 型*/
```

③ 强制类型转换运算符只是对其后面的表达式的值进行转换，而不改变表达式中变量的类型和变量的值。例如：

```
float a=3.69;
int b;
b=(int)a;
```

则变量 b 的值为整数 3，而变量 a 的值还是 3.69，a 的类型仍然是 float 型。

④ 如果将一个实型数据强制转换成整型数据，则只是舍去小数部分，不需进行四舍五入。

如上例中的变量 b 的值为 3，而不是 4。

2.6.5　自增与自减运算符

在 C 语言中有两个特殊的算术运算符，即自增、自减（++、--）。这两个运算符属于单目运算符，可以放在运算对象的前和后，形成前缀形式和后缀形式，但不论放在运算对象的前与后，其结果都是将运算对象的值增 1 或减 1。如设有整型变量 i，则++i、i++都使 i 值增 1，--i、i--都使 i 值减 1。

前缀形式和后缀形式的区别在于对它所作用的变量值的使用。

前缀形式：++i、--i，它的功能是，先使 i 的值增 1 或减 1（即先进行 i=i+1 或 i=i-1 运算），然后再使用 i。

后缀形式：i++、i--，它的功能是，先使用 i，然后再使 i 的值增 1 或减 1（即后进行 i=i+1 或 i=i-1 运算）。

使用自增、自减运算符应注意以下几个方面：

① 自增或自减运算符（++或--）的运算结果是使运算对象增 1 或减 1。

② 自增或自减运算符的对象只能是变量，即可以是整型变量、字符型变量、实型变量、指针型变量，但不能是常量或表达式。所以像++3、(i+j)++、--(a=3)、--(-i)等都是不合法的。

③ 自增或自减运算符的结合性为：前缀时是自右向左，后缀时是自左向右。

例如：i=-j++等价于 i=-(j++)，这个表达式的含义是：先把 j 当前值加上负号赋给 i，即

i=-j，然后 j 自增 1。注意该表达式并不等价于 i=(-j)++，因为这样就使++作用于表达式了，这是不允许的。

④ 程序设计时尽量不要在两个运算对象中间出现多个自增或自减运算符。如表达式 i+++j、i+++i++等虽然在 C 语言中是允许的，但是读者很难理解。

【例 2.9】 自增或自减运算举例。

```c
#include<stdio.h>
void main()
{   int a=3,b=6,c,d,e,f;
    c=b+a++;
    d=a+(--b);
    e=-a++;
    f=a+b+c;
    printf("a=%d,b=%d,c=%d,d=%d,e=%d,f=%d\n",a,b,c,d,e,f);
}
```

程序运行结果：

```
a=5,b=5,c=9,d=9,e=-4,f=19
```

【例 2.10】 自增或自减运算举例。

```c
#include<stdio.h>
void main()
{   int i=3,j=-5;
    printf("i=%d,j=%d \n",i,j);
    printf("i=%d,j=%d \n",i++,--j);
    printf("i=%d,j=%d \n",--i,j++);
}
```

程序运行结果：

```
i=3,j=-5
i=3,j=-6
i=3,j=-6
```

2.7 逗号运算符和逗号表达式

"，"是 C 语言提供的一种特殊的运算符，称为逗号运算符。逗号运算符的结合性为从左到右。在所有运算符中，逗号运算符的优先级最低。

由逗号运算符将表达式连接起来的式子称为逗号表达式。

逗号表达式的一般格式为：

表达式 1，表达式 2，…，表达式 n

逗号表达式的求解过程为：先求表达式 1 的值，再求表达式 2 的值，依次进行，最后计算表达式 n，整个逗号表达式的值就是最后一个表达式的值。例如，逗号表达式"3+5,1+2"的值为 3，又如，逗号表达式"a=2*3,a*5"的求解过程是：先计算 a=2*3，经过计算和赋值后得到 a 的值为 6，然后计算 a*5，得 30，因此整个逗号表达式的值为 30。

使用逗号表达式要注意以下几个方面：

① 逗号表达式可以和另一个表达式组成一个新的逗号表达式。

例如，逗号表达式"(a=2*3,a*5),a+5"中，表达式 1 是（a=2*3,a*5），表达式 2 是 a+5，先计算表达式 1 的值为 30，再计算表达式 2 的值为 11，因此整个逗号表达式的值为 11。

② 并不是所有的逗号都是逗号运算符。

例如：

```
int a,b,c;                    /*这里的逗号是变量之间的分隔符，而不是逗号运算符*/
printf("%d,%d,%d\n",(a,b,c),a,b);     /*只有(a,b,c)里的逗号才是逗号运算符*/
```

【例 2.11】 逗号运算符运算举例。

```
#include<stdio.h>
void main()
{  int a=3,b=4,c=5,x1,x2,x3,x4,x5,x6;
   x1=(a,b,c);
   x2=a,b,c;
   x3=(a++,--b,a+b);
   x4=a++,--b,a+b;
   x5=(a++,--b,a+b+c++);
   x6=((a,b,c),a+b);
   printf("x1=%d,x2=%d,x3=%d,x4=%d,x5=%d,x6=%d\n",x1,x2,x3,x4,x5,x6);
}
```

程序运行结果：

```
x1=5,x2=3,x3=7,x4=4,x5=12,x6=7
```

2.8　位运算符

2.8.1　位运算符和位运算

所谓位运算就是指二进制位的运算。C 语言的一大特点就是允许直接对数据的二进制位进行操作，这就是 C 语言提供的位运算功能。位运算的功能就是对操作数按其二进制补码形式逐位进行逻辑运算。位运算的操作对象只能是整型或字符型数据，不能是实型数据。

C 语言提供的位运算符见表 2.4。

表 2.4　位运算符

运算符	功　能	优先级	结合性
～	按位取反	高	从右向左
<< 、>>	左移、右移	↓	从左向右
&	按位与		从左向右
^	按位异或		从左向右
|	按位或	低	从左向右

位运算符中只有运算符"～"是单目运算符，其他均为双目运算符，即要求运算符的两侧各有一个操作数，且操作数只能是整型或字符型数据。

（1）按位与运算符（&）

按位与的一般格式为：

操作数 1 & 操作数 2

运算规则：先将两个操作数转换为二进制补码形式，然后将两个操作数对应的二进制位进行与运算，运算规则是对应位全 1，则该位的运算结果为 1，否则为 0。即：

1&1=1,   1&0=0,   0&1=0,   0&0=0

例如：计算 3&5。

$$
\begin{array}{lll}
 & 0000\ 0011 & （3 的二进制补码）\\
(\&) & 0000\ 0101 & （5 的二进制补码）\\
\hline
 & 0000\ 0001 & （1 的二进制补码）
\end{array}
$$

因此，3&5 的值为 1。

例如：计算-5&6。

$$
\begin{array}{lll}
 & 1111\ 1011 & （-5 的二进制补码）\\
(\&) & 0000\ 0110 & （6 的二进制补码）\\
\hline
 & 0000\ 0010 & （2 的二进制补码）
\end{array}
$$

因此，-5&6 的值为 2。

（2）按位或运算符（|）

按位或的一般格式为：

操作数 1 | 操作数 2

运算规则：先将两个操作数转换为二进制补码形式，然后将两个操作数对应的二进制位进行或运算，运算规则是对应位全 0，则该位的运算结果为 0，否则为 1。即：

1|1=1,   1|0=1,   0|1=1,   0|0=0

例如：计算 3|5。

$$
\begin{array}{lll}
 & 0000\ 0011 & （3 的二进制补码）\\
(|) & 0000\ 0101 & （5 的二进制补码）\\
\hline
 & 0000\ 0111 & （7 的二进制补码）
\end{array}
$$

因此，3|5 的值为 7。

例如：计算-5|6。

$$
\begin{array}{lll}
 & 1111\ 1011 & （-5 的二进制补码）\\
(|) & 0000\ 0110 & （6 的二进制补码）\\
\hline
 & 1111\ 1111 & （-1 的二进制补码）
\end{array}
$$

因此，-5|6 的值为-1。

（3）按位取反运算符（～）

运算规则：运算符"～"是单目运算符，先将操作数转换为二进制补码形式，然后各个二进制位都取其反值。即：

～1=0,   ～0=1

例如：计算 ～26。26 的二进制补码形式为 00011010，计算过程如下：

$$
\begin{array}{ll}
\sim & 00011010 \\
\hline
 & 11100101
\end{array}
$$

因此，～26 的值为-27（二进制补码 11100101 转换为 10 进制数就是-27）。

（4）按位异或运算符（^）

运算规则：先将两个操作数转换为二进制补码形式，然后将两个操作数对应的二进制位进行异或运算，运算规则是对应位值相同，则该位的运算结果为 0，否则为 1。即：

0^0=0,　　0^1=1,　　1^0=1,　　1^1=0

例如：计算 9^20。

```
      0000 1001
^     0001 0100
------------------
      0001 1101
```

因此，9^20 的值为 29。

按位异或运算可以实现在不使用第三个变量的前提下，"交换"两个变量的值。

例如有两个操作数 x 和 y，假设 x=5，y=6，不使用临时变量，交换 x 和 y 的值。计算过程如下：

$$x=x\^y,\ y=y\^x,\ x=x\^y$$

第一步计算 x=x^y：

```
x          0000 0101
y    ^     0000 0110
------------------------
x          0000 0011
```

第二步计算 y=y^x：

```
y          0000 0110
x    ^     0000 0011
------------------------
y          0000 0101
```

（交换后 y 的值为 5）

第三步计算 x=x^y：

```
x          0000 0011
y    ^     0000 0101
------------------------
x          0000 0110
```

（交换后 x 的值为 6）

（5）左移运算符（<<）

将一个操作数的各二进制位全部向左移动指定的位数。左移后，右边空出来的位置补 0，左边移出的位舍去。其一般格式为：

操作数 1<<操作数 2

其中，"操作数 1"是被左移的操作数，"操作数 2"是左移的位数。

例如：若 x=13，计算 x=x<<2 的值。

```
x=           0000  1101
x<<2=    000011  0100
           ↑        ↑
          舍去      补0
```

x 经过左移 2 位后变为 0011 0100，即十进制数 52。

从结果可以看出将操作数左移 1 位，相当于该数乘以 2，左移 2 位相当于该数乘以 2^2=4，依此类推。上例中，十进制数 13 左移 2 位的值为 52，即乘了 2^2=4。

注意：以上结论只在没有 1 被左移出去或移到最高位的情况下才是正确的。

（6）右移运算符（>>）

右移运算符（>>）的一般格式为：

操作数 1>>操作数 2

其中，"操作数 1"是被右移的操作数，"操作数 2"是右移的位数。

将一个操作数的各二进制位全部向右移动指定的位数。右移后右边移出去的位舍去，左边的高位填补分两种情况。

① 对无符号数，右移时高位补 0。

例如：若 x=20，计算 x=x>>2 的值。

$$
\begin{array}{lll}
x= & 0001 & 0100 \\
x>>2= & 0000 & 010100 \\
& \uparrow & \uparrow \\
& \text{补0} & \text{舍去}
\end{array}
$$

x 经过右移 2 位后变为 0000 0101，即十进制数 5。

右移一位相当于除以 2，右移 n 位相当于除以 2^n。

② 对有符号数，如果符号位为 0（即正数），高位补 0；如果符号位为 1（即负数），则高位补 1。这种补 1 以保持操作数原来的符号的方法称为算术右移，补 0 的称为逻辑右移。

例如：计算-60>>2 的值。

-60 以二进制补码形式表示为 11000100，

$$11000100$$

右移 2 位后　　$\underline{11}11000\underline{100}$

$\qquad\qquad\quad\uparrow\qquad\qquad\quad\uparrow$

1111 0001 为十进制数-15 的补码表示。

因此，-60>>2 的值为-15。

【例 2.12】 位运算举例。

```c
#include<stdio.h>
void main()
{   int a=9,b=5;
    printf("%d\n",a&b);
    printf("%d\n",a|b);
    printf("%d\n",a^b);
    printf("%d\n",~a);
    printf("%d\n",a<<2);
    printf("%d\n",a>>2);
}
```

程序运行结果：

```
1
13
12
-10
36
2
```

2.8.2　位运算赋值运算符

位运算赋值运算符是由位运算符和赋值运算符组合而成的复合运算符。位运算赋值运算符的一般格式如下：

操作数 1　位运算赋值运算符　操作数 2

在 C 语言中，可以使用的位运算赋值运算符有 5 种形式：&=、|=、^=、>>=和<<=。

位运算赋值运算符采用自右向左的结合顺序，运算规则是先用操作数 1 和操作数 2 进行运算，再将运算结果存入操作数 1 变量中。例如：

```
x&=y     等价于   x=x&y
z<<=1    等价于   z=z<<1
```

C 语言采用复合运算符，一是为了简化程序，使程序简练；二是使编译系统生成质量较高的目标代码，以提高编译效率。

在线习题

第 2 章视频微课二维码

使用方法：使用手机扫描下方二维码可以获得教师授课视频，用于课后学习、巩固课堂讲授内容。

第3章
顺序结构程序设计

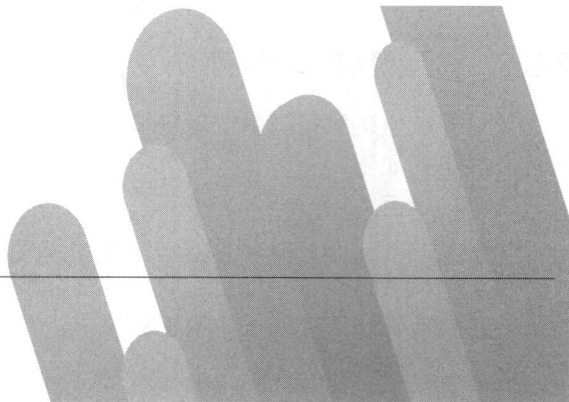

从结构化程序设计流程的角度来看，程序可以分为三种基本结构，即顺序结构、分支结构、循环结构。这三种基本结构可以组成各种复杂程序。顺序结构是程序设计语言最基本的结构，其包含的语句是按照书写的顺序执行的，且每条语句都被执行。其他的结构可以包含顺序结构，也可以作为顺序结构的组成部分。C 语言提供了多种语句来实现这些程序结构。本章介绍这些基本语句及其在顺序结构中的应用，使读者对 C 语言程序有一个初步的认识，为后面各章的学习打下基础。

3.1　C 语句概述

一个 C 语言程序由若干个源程序文件组成，一个源程序文件是由预处理命令、全局变量声明部分以及若干个函数组成，一个函数是由变量声明部分和各种 C 语言的语句组成的。概括起来 C 语言的语句可以分为 5 类，分别是表达式语句、控制语句、函数调用语句、复合语句和空语句。如图 3.1 所示。

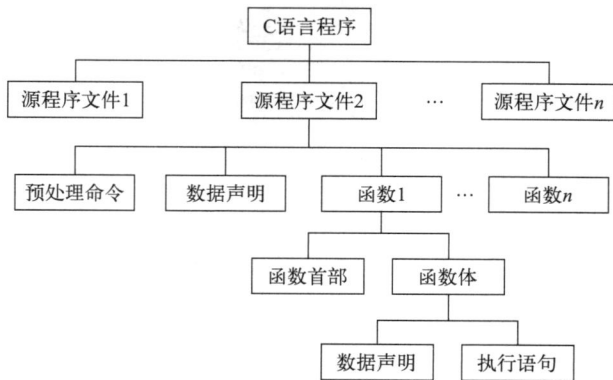

图 3.1　C 语言程序结构

（1）表达式语句

C 语言是一种表达式语言，所有的操作运算都通过表达式来完成；由表达式组成的语句称为表达式语句。

表达式语句的一般形式为：

表达式;

最典型的表达式语句是由一个赋值表达式加一个分号构成的赋值语句。应注意：分号是 C 语言的语句中不可缺少的一部分，因此 "a=10" 和 "a=10;" 是不同的，前者是一个赋值表达式，而后者才是一个赋值语句。使用赋值语句要注意以下几个方面。

① 赋值运算符 "=" 左边必须是变量，不能是常量或变量表达式。赋值运算符 "=" 右边可以是变量、常量或各种合法的表达式。如：

```
a=c+3;
x=y=z+2;
m=i>j;
p=&a;
*q=a+b;
x=*q+5;
```

以上语句都是合法的赋值语句。

② 变量赋初值与赋值语句的区别。

如："int x=5,y=5,m,n;" 不能写成 "int x=y=5,m,n;"，但 "int x=5,y=5,m,n;" "m=n=6;" 却是合法的。

也就是说在定义变量时，不允许连续给多个变量赋初值。而赋值语句允许连续给多个变量赋值。

（2）控制语句

控制语句用于完成一定的功能。C 语言中有 9 种控制语句，它们是：

① if()…else… （条件语句）；

② for()… （循环语句）；

③ while()… （循环语句）；

④ do…while() （循环语句）；

⑤ continue （结束本次循环语句）；

⑥ break （中止执行 switch 或循环语句）；

⑦ switch （多分支选择语句）；

⑧ goto （转向语句）；

⑨ return （从函数返回语句）。

上面 9 种语句表示形式中的括号 "()" 表示括号中是一个条件，"…" 表示内嵌语句。例如：

```
if(x>y)   z=x;
else      z=y;
```

这个语句的作用是：先判断条件 "x>y" 是否成立，如果成立则执行语句 "z=x;"，否则执行 "z=y;"。

（3）函数调用语句

由一个函数调用加一个分号构成一个语句，用于完成特定的任务。其一般形式为：

函数名(实际参数表);

例如：

```
printf("I am a student!!!");
```

该函数调用语句的作用是：在屏幕上显示"I am a student!!!"。

（4）复合语句

复合语句由花括号"{ }"括起来的两条或两条以上的语句组成。一个复合语句在功能上相当于一条语句。复合语句也可称为块语句，复合语句的一般形式为：

{ 语句 1;语句 2;…;语句 n; }

例如：

```
{  int a=3,b;              /*定义部分*/
   a++;                    /*执行语句*/
   b*=a;                   /*执行语句*/
   printf("b=%d\n",b);}    /*执行语句*/
```

在复合语句内，不仅可以有执行语句，还可以有定义部分，定义部分应该出现在可执行语句的前面，且定义的变量是局部变量，只能在复合语句内部有效。

【例 3.1】　复合语句应用举例。

```
#include<stdio.h>
void main()
{  char a='A',b='B';
   {char a='C',b='D';
   printf("%c,%c\n",a,b);
   }
   printf("%c,%c\n",a,b);
}
```

程序运行结果：

```
C,D
A,B
```

（5）空语句

C 语言中的所有语句都必须由一个分号";"作为结束。如果只有一个分号，如：

```
main( )
{  ;  }
```

这个分号也是一条语句，称为空语句。

空语句的一般形式为：

```
;
```

在程序中空语句常用来做空循环体，可起到延时作用。由于空语句是什么也不执行的语句，因此在顺序结构程序中空语句不会影响到程序的执行结果，但空语句有时会影响分支结构程序和循环结构程序的执行结果，这一点读者一定要谨慎，不要在程序中随意写分号。

3.2　数据的输入/输出

在程序运行中，有时需要从外部设备（如键盘）得到一些原始数据，而程序计算结束后，需要把计算结果发送到外部设备（如显示器）上。我们把从外部设备获得原始数据称为输入，而把程序计算的结果发送到外部设备上称为输出。C 语言没有专门的输入或输出语句，但在 C 的标准库函数中提供了常用的输入和输出函数。本节重点介绍字符输入函数 getchar()和输出函数 putchar()以及格式输入函数 scanf()和输出函数 printf()。

由于标准库函数中用到的变量定义和宏定义均在扩展名为.h 的头文件中描述，因此在需要使用标准 I/O 库中的函数时，应在程序前使用预编译命令#include <stdio.h>或#include"stdio.h"将相应的.h 头文件添加到用户程序中。

3.2.1　字符输入/输出函数

（1）字符输出函数

一般形式为：

```
putchar(c);
```

该函数的作用是向终端（如显示器）输出一个字符。c 可以是字符常量或变量、整型常量或变量、转义字符。

【例 3.2】　字符输出举例。

```
#include<stdio.h>
void main()
{   char a='A',b='B';
    putchar(a);
    putchar('A');
    putchar(65);
    putchar('\n');
    putchar(b);
    putchar('B');
    putchar(66);
}
```

程序运行结果：

```
AAA
BBB
```

注意不能写成以下形式：

```
putchar('AB');
putchar("A");
putchar("\n");
```

（2）字符输入函数

一般形式为：

```
getchar();
```

该函数的作用是从终端（如键盘）输入一个字符。

【例 3.3】　字符输入举例。

```
#include<stdio.h>
void main()
{   char ch;
    ch=getchar();
    putchar(ch);
```

```
    putchar('\n');
}
```

程序运行时，如果从键盘输入 A 并按 Enter 键，则可看到屏幕上输出字符 A 。

程序运行结果：

A↙

A

使用 getchar()函数要注意以下几个方面：

① getchar()函数的括号()内不允许有任何数据，但这一对圆括号不可少，这一点要和 putchar()区别开来。

② 使用本函数前必须包含文件 stdio.h。

③ getchar()函数只能接收一个字符，输入的数字也按字符处理，而且输入的空格、回车都将作为字符读入，当输入多个字符时也只能接收一个字符。因此，在用 getchar()函数连续输入两个字符时要注意回车符和空格符。

例如：

```
char ch1,ch2;
ch1=getchar();
ch2=getchar();
```

若从键盘输入 A12 并按 Enter 键，则变量 ch1 的值是'A'，变量 ch2 的值是'1'。

若从键盘输入 A　12 并按 Enter 键，则变量 ch1 的值是'A'，变量 ch2 的值是空格符。

若从键盘输入 A↙，则变量 ch1 的值是'A'，变量 ch2 的值是'\n'。

④ 给 getchar()函数输入字符时不需加单引号，输入字符后必须按 Enter 键，字符才能送到内存。

⑤ getchar()函数得到的字符可以赋给一个字符型变量或整型变量，也可以不赋给任何变量，可作为表达式的一部分。

例如：

```
putchar(getchar());
```

3.2.2　格式输入/输出函数

putchar()和 getchar()只能输出或输入一个字符，当程序需要输出或输入多个数据时，就需要使用格式输出函数和格式输入函数了。

1）格式输出函数

（1）printf("要输出的字符序列")

注意：要输出的字符序列必须用英文的双引号括起来，它的作用是在屏幕上原样输出要输出的字符序列。

例如：

```
printf("I love China!!!");
```

在屏幕上将看到：I love China!!!。

（2）printf("输出格式控制符",输出列表项)

注意：输出格式控制符必须用英文的双引号括起来，它的作用是按照输出格式来输出后面的输出列表项的值。

例如：

```
int x=3,y=4;
printf("%d,%d",x,y);
```

在屏幕上将会看到：3，4。

语句"printf("%d,%d",x,y);"的作用是：以%d 的格式输出变量 x 的值，以%d 的格式输出变量 y 的值，中间以逗号分隔。

输出格式控制符可以是：

① 格式符：即由%和格式字符组成，如%d,%f 等。

② 普通字符：如"printf("a=%d,b=%d\n",a,b);"中的"a="、","、"b="都是普通字符，普通字符原样输出。

③ 转义字符：如"printf("a=%d,b=%d\n",a,b);"中的"\n"，其含义是换行。

C 语言中常用的格式字符共有 9 种，如表 3.1 所示。

表 3.1　printf( )的格式字符说明

格式字符	说明
d,i	输出带符号的十进制整数（正数不输出符号）
o	以八进制无符号形式输出整数（不输出前导 0）
x 或 X	以十六进制无符号形式输出整数（不输出前导 0x），用 x 则输出十六进制数 a~f 时以小写形式输出；用 X 时，则以大写形式输出
u	以无符号十进制形式输出整数
c	输出一个字符
s	输出字符串的字符，直到遇到"\0"或者输出由精度指定的字符数
f	以小数形式输出单、双精度数，隐含输出 6 位小数。若指定的精度为 0，小数部分（包括小数点）都不输出
e 或 E	以标准指数形式输出单、双精度数。用 E 时，指数部分的 e 用大写 E，数字部分的小数位数为 6 位
g 或 G	由系统决定采用%f 或%e 或%E 格式，以使输出宽度最小。用 G 时，指数部分的 e 用大写 E
%	输出百分号

在格式说明中，在%和上述格式字符之间还可以插入表 3.2 所示的几种附加字符（又称修饰符）。

表 3.2　printf( )的附加字符说明

附加字符	说　　明
l 或 L	输出长整型数据，可以放在 d、o、x、u 的前面；输出 double 型数据，可以放在 f、e 之前
h	输出短整型数据，可以放在 d、o、x、u 的前面
m	输出数据的宽度
n	对于实数，表示输出 n 位小数。对于字符串，表示截取字符个数
-	输出的数据在域内左对齐

printf()函数常用的格式字符如下。

① d 格式字符用来输出十进制整数。有以下用法。

（a）%d：以整数的实际位数输出。

例如：

```
printf("%d",2009);
```

输出结果为：

```
2009
```

（b）%+d：以整数的实际位数输出,输出时正整数前带正号"+"。

例如：

```
printf("%+d",2009);
```

输出结果为：

```
+2009
```

（c）%md：输出的整数占 m 列并右对齐，当 m 大于整数的宽度时，多余的位用空格填充，当 m 小于整数的宽度时，按整数的实际位数输出。

例如：

```
printf("%8d",2009);
```

输出结果为：

```
    2009
```

（d）%-md：输出的整数占 m 列并左对齐，当 m 大于整数的宽度时，多余的位用空格填充，当 m 小于整数的宽度时，按整数的实际位数输出。

例如：

```
printf("%8d\n%-8d",2009,2009);
```

输出结果为：

```
    2009
2009
```

输出格式字符串"%8d\n%-8d"的含义是：先输出一个整型数据，8 个字符宽，右对齐，换行后，输出第二个整型数据，8 个字符宽，左对齐。

（e）%ld 或%Ld：输出长整型数据，按实际位数输出。

（f）%hd：输出短整型数据，按实际位数输出。

（g）%mld 或%mLd：输出长整型数据占 m 列并右对齐，当 m 大于整数的宽度时，多余的位用空格填充，当 m 小于整数的宽度时，按整数的实际位数输出。

（h）%-mld 或%-mLd：输出长整型数据占 m 列并左对齐，当 m 大于整数的宽度时，多余的位用空格填充，当 m 小于整数的宽度时，按整数的实际位数输出。

例如：

```
long x=123456;
printf("%8ld\n%-8ld",x,x);
```

输出结果为：

```
  123456
123456
```

（i）%0md：输出的整数占 m 列并右对齐，当 m 大于整数的宽度时，多余的位用 0 填充，当 m 小于整数的宽度时，按整数的实际位数输出。

例如：

```
printf("%08d",2009);
```

输出结果为：

00002009

注意：没有%-0md 格式控制符。

② o 格式字符用来输出八进制整数，其用法同 d 格式字符，用时把 d 格式字符改为 o 格式字符即可。

例如：

```
short int n=-1;
printf("%ho",n);
```

输出结果为：

```
177777
```

可以看到，八进制形式输出的整数是不考虑符号的。

③ x 或 X 格式字符用来输出十六进制数，其用法同 d 格式字符，用时把 d 格式字符改为 x 或 X 格式字符即可。

例如：

```
short int n=-1;
printf("%hx  ",n);
printf("%hX",n);
```

输出结果为：

```
ffff  FFFF
```

可以看到，十六进制形式输出的整数也是不考虑符号的。

④ u 格式字符用来输出无符号型的十进制整数，其用法同 d 格式字符，用时把 d 格式字符改为 u 格式字符即可。

例如：

```
short int n=-1;
printf("%hd,%hu ",n,n);
```

输出结果为：

```
-1,65535
```

从有符号的角度看，它表示的是-1；从无符号的角度看，它表示的是 65535。

⑤ c 格式字符用来输出一个字符。有以下用法：

（a）%c：输出一个字符。

（b）%mc：输出的字符占 m 列并右对齐，多余的位用空格填充。

（c）%-mc：输出的字符占 m 列并左对齐，多余的位用空格填充。

例如：

```
printf("%4c\n%-4c",'A','A');
```

输出结果为：

```
   A
A
```

⑥ s 格式字符用来输出一个字符串。有以下用法。

（a）%s：以字符串的实际长度输出一个字符串。

```
printf("%s","china");
```

输出结果为：

```
china
```

（b）%ms：输出的字符串占 m 列并右对齐，当 m 大于字符串的实际长度时，多余的位用空格填充，当 m 小于字符串的实际长度时，按字符串的实际长度输出。

（c）%-ms：输出的字符串占 m 列并左对齐，当 m 大于字符串的实际长度时，多余的位用空格填充，当 m 小于字符串的实际长度时，按字符串的实际长度输出。

例如：

```
printf("%8s\n%-8s","china","china");
```

输出结果为：

```
   china
china
```

（d）%m.ns：在 m 列的位置上输出一个字符串的前 n 个字符，并右对齐，m>n 时，多余的位数用空格填充，m<n 时，输出实际长度的字符串。

（e）%-m.ns：在 m 列的位置上输出一个字符串的前 n 个字符，并左对齐，m>n 时，多余的位数用空格填充，m<n 时，输出实际长度的字符串。

例如：

```
printf("%8.2s\n%-8.2s","china","china");
```

输出结果为：

```
      ch
ch
```

⑦ f 格式字符用来输出实数（包括单精度实数、双精度实数），以小数形式输出。有以下用法。

（a）%f：用于输出单精度小数，也可输出双精度小数，输出时实数的整数部分全部输出，小数部分保留 6 位，在有效数据范围内的小数部分要进行四舍五入。

例如：

```
printf("%f",12.123456789);
```

输出结果为：

```
12.123457
```

（b）%lf 或%Lf：用于输出双精度小数，输出时实数的整数部分全部输出，小数部分保留6 位，在有效数据范围内的小数部分要进行四舍五入。

例如：

```
double x=12.123456789;
printf("%lf",x);
```

或写成：

```
printf("%f",x);
```

输出结果为：

```
12.123457
```

（c）%m.nf：在 m 列的位置上输出一个实数保留 n 位小数，并右对齐，系统自动对在有效数据范围内的小数部分进行四舍五入。当 m 大于实数总宽度时，多余的位数用空格填充，当 m 小于实数总宽度时，实数的整数部分按实际宽度输出。

（d）%-m.nf：在 m 列的位置上输出一个实数保留 n 位小数，并左对齐，系统自动对在有效数据范围内的小数部分进行四舍五入。当 m 大于实数总宽度时，多余的位数用空格填充，当 m 小于实数总宽度时，实数的整数部分按实际宽度输出。

例如：
```
printf("%8.2f\n%-8.2f",12.123456789,12.123456789);
```
输出结果为：
```
    12.12
12.12
```
（e）%.nf：实数的整数部分按实际宽度输出，保留 n 位小数，系统自动对在有效数据范围内的小数部分进行四舍五入。

例如：
```
printf("%.2f",12.123456789);
```
输出结果为：
```
12.12
```
⑧ e 格式字符用来以指数形式输出一个实数，用法同 f 格式字符，用时把 f 格式字符换成 e 格式字符即可。

例如：
```
printf("%e",12.123456789);
```
输出结果为：
```
1.212346e+001
```
⑨ g 格式字符用来输出实数，系统根据实数的大小，自动选 f 格式字符或 e 格式字符输出，输出时选择占宽度较小的一种格式输出，且不输出无意义的 0。

【例 3.4】 输出函数应用举例。
```
#include<stdio.h>
void main()
{   int a=27;
    char ch='A';
    float b=12.3456;
    double c=234.123456;
    printf("%4d%-4o%4x\n",a,a,a);
    printf("%-4c%4c\n",ch,ch);
    printf("b=%10.2f,b=%-10.2f\n",b,b);
    printf("b=%10.2e,b=%-10.2e\n",b,b);
    printf("c=%lf,c=%10.2lf\n",c,c);
    printf("%s，%5.2s","Hello!!!","Hello!!!");
}
```
程序运行结果是：
```
  2733    1b
A         A
b=      12.35,b=12.35
b=  1.23e+001,b=1.23e+001
c=234.123456,c=      234.12
Hello!!!，  HePress any key to continue
```
使用 printf()函数要注意以下几个方面：

① 数据类型应与格式控制符匹配，否则将会出现错误。

② int 型数据也可以用%u 格式输出；反之，一个 unsigned 型数据也可以用%d、%o、%x格式输出。

例如：

```
short int a=-1;
unsigned short b=65534;
printf("%hu,%hd\n",a,b);
```

程序运行结果是：

```
65535,-2
```

③ 除了 X、E、G、L 可以大写外，其他格式字符必须小写，如%f 不能写成%F。

④ 如果需要输出 "%"，则应在格式符内连续使用两个 "%"。例如：

```
printf("%5.2f%%",1/3.0*100)
```

输出：

```
33.33%
```

2）格式输入函数

格式输入函数 scanf()用于从键盘输入数据，该输入数据按指定的输入格式赋给相应的输入项。

其一般格式为：

```
scanf("输入格式控制符",输入项地址表列);
```

注意：输入格式控制符必须用英文的双引号括起来，它的作用是按照输入格式从键盘输入若干类型的数据给后面的输入项。

例如：

```
int a,b;
scanf("a=%d,b=%d",&a,&b);          /*&a 和&b 分别表示变量 a 和 b 的地址*/
```

运行时从键盘输入 "a=3,b=5" 后按 Enter 键，则变量 a 和 b 的值分别是 3 和 5。

输入格式控制符可以是：

① 格式符：即由%和格式字符组成，如%d,%f 等。

② 普通字符：如 "scanf("a=%d,b=%d\n",&a,&b);" 中的 "a=" "," "b=" 都是普通字符，输入时要照原样输入。

表 3.3 列出了 scanf()函数常用的格式字符。

表 3.3　scanf( )的格式字符说明

格式字符	说明
d,i	输入带符号的十进制整数
o	输入八进制无符号整数
x 或 X	输入十六进制无符号整数，大、小写形式相同
u	输入无符号十进制整数
c	输入单个字符
s	输入字符串
f	输入实数（小数形式或指数形式）
e、E、g、G	与 f 作用相同，e 与 f，g 可以相互替换，大小写形式相同

在格式说明中，在%和上述格式字符之间还可以插入表 3.4 所示的几种附加字符（又称修饰符）。

表 3.4　scanf( )的附加字符说明

附加字符	说明
l 或 L	输入长整型数据，可以放在 d、o、x、u 的前面；输入 double 型数据，可以放在 f、e 之前
h	输入短整型数据，可以放在 d、o、x、u 的前面
m	用来指定输入数据的宽度
*	表示本输入项在读入后不赋给相应的变量

使用 scanf()函数要注意以下几个方面：

① 地址表列要用地址运算符 "&" 取变量的地址。例如：

```
int a,b,*pa=&a,*pb=&b;
scanf("%d%d",&a,&b);
```

或写成：

```
scanf("%d%d",pa,pb);
```

&a、&b、pa、pb 表示把输入的数据送到系统为变量 a 和 b 分配的内存中。下面的写法是错误的。

```
scanf("%d%d",a,b);
```

② 输入格式控制符中的普通字符一定要照原样输入。例如：

```
scanf("a=%d,b=%d",&a,&b);
```

输入时一定要把普通字符 "a=" "," "b=" 照原样输入，否则会出现数据读入错误。

正确的输入格式是：a=3,b=5 按 Enter 键。

如果输入格式控制符中没有普通字符，则输入时应以一个或多个空格、Tab 键或回车键来分隔。如：

```
scanf("%d%d",&a,&b);
```

正确的输入格式是：

3 空格 5✓

或者　3　Tab 键 5✓

或者　3✓

　　　5✓

"✓" 代表回车键。

③ 可以指定输入数据的宽度，系统会自动按它截取所需数据。例如：

```
int a;
float b;
scanf("%2d%3f",&a,&b);
```

输入：

123456✓

系统自动把 12 赋给 a,把 345.0 赋给变量 b。此方法也可用于字符型数据。例如：

```
scanf("%2c%3c",&c1,&c2);
```

输入：

abcdefg✓

由于字符型变量只能存放一个字符，因此，系统将'a'赋给 c1，将'c'赋给 c2。

④ 需要连续输入多个字符时，字符之间不用分隔，而且空格、回车等均作为有效字符

输入，例如：

```
scanf("%c%c",&c1,&c2);
```

输入：

```
AB✓
```

系统把字符'A'赋给 c1，把字符'B'赋给 c2。

输入：

```
A B✓
```

系统把字符'A'赋给 c1，把空格符赋给 c2。

⑤ 如果%后面有一个'*'，则表示本项输入不赋给任何变量。例如：

```
scanf("%d,%*d,%d",&a,&b);
```

输入：

```
12,34,56✓
```

系统将 12 赋给 a，将 56 赋给 b。

⑥ 输入数据时不能规定精度。例如：

```
scanf("%6.2f",&a);
```

上述输入语句是不合法的。

⑦ 输入 double 型数据时，一定要在 f、e 之前加字母 l 或 L。例如：

```
double a;
scanf("%lf",&a);
```

⑧ %d、%c、%f 在一起进行混合输入时，要注意输入的格式。例如：

```
scanf("%d%c%f",&x,&y,&z);
```

输入：

```
12A23.6✓
```

系统把 12 赋给 x，把字符'A'赋给 y，把 23.6 赋给 z。

输入：

```
12 A 23.6✓
```

系统把 12 赋给 x，把空格符赋给 y，z 的值为随机数。

⑨ 输入数据时，遇到以下情况视为数据输入结束。

（a）遇到空格、回车或 Tab 键。

（b）指定的宽度结束。如"%2d"，只取 2 位。

（c）遇到非法输入。例如：

```
scanf("%d",&a);
```

输入：

```
123Q✓
```

系统只将 123 赋给 a。

3.3 程序举例

这一节再通过几个例子来说明输入输出函数的应用，请读者细心观察输入和输出格式。

【例 3.5】 从键盘输入 3 个数，输出其平均值。

```
#include<stdio.h>
void main()
{  int a,b,c;
   float aver;
   scanf("%d%d%d",&a,&b,&c);
   aver=(a+b+c)/3.0;
   printf("aver=%7.2f\n",aver);
}
```

输入：1 6 9✓

输出：aver=   5.33

【例 3.6】 输入一大写字母，要求输出其对应的小写字母。

```
#include<stdio.h>
void main()
{  char ch;
   scanf("ch=%c",&ch);          /*本语句也可以使用 ch=getchar();  */
   ch+=32;
   printf("ch=%c\n",ch);         /*本语句也可以使用 putchar(ch); */
}
```

输入：ch=A✓

输出：ch=a

【例 3.7】 输入三角形的三边长，求三角形面积。

已知三角形的三边长 a、b、c，则该三角形的面积公式为：

$$area = \sqrt{s(s-a)(s-b)(s-c)}$$

式中，$s=(a+b+c)/2$。

```
#include<stdio.h>
#include<math.h>
void main()
{
   float a,b,c,s,area;
   scanf("%f,%f,%f",&a,&b,&c);
   s=1.0/2*(a+b+c);
   area=sqrt(s*(s-a)*(s-b)*(s-c));
   printf("area=%7.2f\n",area);
}
```

输入：3.5,4.6,5.7✓

输出：area=   8.05

【例 3.8】 输入一个实数，要求按保留小数点后 2 位，第 3 位四舍五入输出。

```
#include<stdio.h>
void main()
{  float x;
   scanf("x=%f",&x);
   x=(int)(x*100+0.5)/100.0;
   printf("x=%f\n",x);
}
```

输入： x=12.34567↙

输出： x=12.350000

【例 3.9】 输入两个两位的正整数，要求把这两个正整数重新组合后输出。

例如： a=35,b=46,经重新组合后 c=3456 输出。

```c
#include<stdio.h>
void main()
{   int a,b,c;
    scanf("a=%d,b=%d",&a,&b);
    c=a/10*1000+b/10*100+a%10*10+b%10;
    printf("c=%d\n",c);
}
```

输入： a=35,b=46↙

输出： c=3456

在线习题

第 3 章视频微课二维码

使用方法：使用手机扫描下方二维码可以获得教师授课视频，用于课后学习、巩固课堂讲授内容。

第4章

分支结构程序设计

上一章我们介绍了顺序结构程序设计，顺序结构中的所有语句都要按照书写的顺序执行一次。但是有时根据问题的要求，程序要根据不同的情况选择不同的执行语句。在 C 语言中，用 if 语句（条件语句）或 switch 语句（开关语句）来实现相应的功能。

如何用 C 语言来实现有选择性地执行相应功能的语句呢？这就需要掌握关系和逻辑两种运算在 C 语言中的实现方法。

4.1 关系运算符和关系表达式

4.1.1 关系运算符

关系运算实际上就是比较运算，即进行两个数的比较，判断比较的结果是否符合指定的条件。如，x<y 中的 "<" 代表小于关系运算。假设 x 的值是 3，y 的值是 5，则 x<y 运算的结果为 "真"，即条件成立；假设 x 的值是 5，y 的值是 3，则 x<y 运算的结果为 "假"，即条件不成立。

C 语言提供以下 6 种关系运算符：

① > （大于）；

② >= （大于等于）；

③ < （小于）；

④ <= （小于等于）；

⑤ == （等于）；

⑥ != （不等于）。

关系运算符都是双目运算符，其结合性为从左到右。关系成立，则关系运算的值为 1，即逻辑 "真"；关系不成立，则关系运算的值为 0，即逻辑 "假"。

例如：

3<5   （值为1）

5!=3   （值为1）

5==3   （值为0）

'a'<'b'　　　　　　（值为 1，比较两个字符的 ASCII 值）

说明：

① 由两个字符组成的关系运算符之间不允许有空格。

② 关系表达式的值为"真"或"假"，即当表达式成立时为"真"，否则为"假"，通常"真"用 1 来表示，"假"用 0 来表示。

③ 前 4 种关系运算符（>、>=、<、<=）的优先级相同，后 2 种关系运算符（==、!=）的优先级相同，且前 4 种关系运算符的优先级高于后 2 种关系运算符的优先级。

例如：a>b>c 等价于(a>b)>c，在 C 语言中，先计算 a>b，得到一个值"真"或"假"，然后再判断这个值是否大于 c，得到的值就是表达式的值。值得注意的是，在 C 语言中的关系表达式 a>b>c 和我们在数学中的 a>b>c 的含义（a>b 并且 b>c）是不同的。

再如：x==y<z 等价于 x==(y<z)，即先计算 y<z 的值，然后再判断这个值是否等于 x，得到的值就是表达式的值。

④ 关系运算符的优先级低于算术运算符，但高于赋值运算符。

例如： x=y<z 等价于 x=(y<z)，先计算 y<z 的值，然后把这个值再赋给 x。

再如： a>b+c 等价于 a>(b+c)。

⑤ 如果 a 和 b 都是实型数据，应避免使用 a==b 这样的关系表达式，因为在内存中存放的实型数据是有误差的。

⑥ 注意赋值运算符"="和关系运算符"=="的区别。

4.1.2　关系表达式

由关系运算符构成的表达式，称为关系表达式。关系运算符两边的运算对象可以是 C 语言中任意合法的表达式。

关系表达式的值为逻辑值，即"真"和"假"，"真"用整数 1 来表示，"假"用整数 0 来表示。

以下都是合法的关系表达式：

a+b>c+d

(a=3)>(b=5)

x!=y

a>c==c

'a'+1=='b'

'A'+32=='B'

…

【例 4.1】 关系运算符和关系表达式举例。

```c
#include<stdio.h>
void main()
{   int a=3,b=5,c=23;
    char ch='A';
    printf("%d,%d\n",a>b,a<b+c);
    printf("%d,%d\n",a!=ch,c==a+b);
    printf("%d,%d\n",a<b>c,ch+32=='a');
}
```

程序运行结果是：

```
0,1
1,0
0,1
```

4.2　逻辑运算符和逻辑表达式

4.2.1　逻辑运算符

在 C 语言中，选择条件不仅可以由关系表达式组成，还可以由逻辑表达式组成，进行逻辑判断时，如果运算对象的值为非 0，C 语言就认为是逻辑"真"，否则认为是逻辑"假"。逻辑运算与关系运算的结果都是逻辑值"真"或"假"，分别用整数 1（不用非 0）和 0 表示。

C 语言提供了 3 种逻辑运算符：

① ！（逻辑"非"）；

② &&（逻辑"与"）；

③ ||（逻辑"或"）。

其中，"&&"和"||"为双目运算符，"!"为单目运算符，出现在运算对象的左边。逻辑运算符的结合性为从左到右。

当参与逻辑"与"（&&）运算的两个操作数都为"真"时，结果才为"真"。

当参与逻辑"或"（||）运算的两个操作数中只要有一个为"真"时，结果就为"真"。

① 3 种逻辑运算符的优先级从高到低是：!、&&、||。

例如：a>0||b<0&&!c

等价于：a>0||(b<0&&(!c))

② 逻辑运算符与关系运算符、算术运算符、赋值运算符之间的优先级从高到低是：!（逻辑"非"）、算术运算符、关系运算符、逻辑运算符（&&和||）、赋值运算符。

例如：

```
x=a+b>c&&!c+d
```

等价于：

```
x=((a+b)>c&&((!c)+d))
```

③ 关于逻辑运算符"!"。

例如：

```
!(a>b)                    /*等价于 a<=b*/
!((a>b)&&(c<=d))          /*等价于(a<=b)||(c>d)*/
```

④ 在 C 语言中，由"&&"或"||"构成的逻辑表达式，在某些情况下会产生"短路"现象。

例如"短路"现象 1：

```
int a=0,b=1;
a++&&b++;
printf("%d,%d\n",a,b);
```

输出：1,1

先计算 a++的值，由于 a 的初始值为 0，所以表达式 a++的值为 0，即为"假"，因为是逻辑"与"运算，因此系统完全可以确定表达式 a++&&b++的值为 0，即"假"，这样就不必再对 b++进行求值（短路），但是由于对 a++进行了求值计算，因此求值计算结束后 a 自增 1。

再如"短路"现象 2：

```
int a=1,b=1;
a++||b++;
printf("%d,%d\n",a,b);
```

输出：2,1

先计算 a++的值，由于 a 的初始值为 1，所以表达式 a++的值为 1，即为"真"，a 自增 1，因为是逻辑"或"运算，此时系统完全可以确定表达式 a++||b++的值为 1，因此不必对 b++进行求值计算（短路）。

4.2.2 逻辑表达式

由逻辑运算符构成的表达式，称为逻辑表达式。逻辑运算符两边的运算对象可以是 C 语言中任意合法的表达式。

逻辑表达式的值为逻辑值，即"真"和"假"，"真"用整数 1 来表示，"假"用整数 0 来表示。

以下都是合法的逻辑表达式：

```
a+3>b-5&&!c
a||b&&c
x+y&&x<y
!a
…
```

【例 4.2】 逻辑运算符和逻辑表达式举例。

```
#include<stdio.h>
void main()
{   int a=3,b=5,c=23;
    int x=9,y=10;
    printf("%d,%d\n", a+3>b-5&&!c, a||b&&c);
    printf("%d,%d\n", x+y&&x<y, !a);
    }
```

程序运行结果是：

```
0,1
1,0
```

4.3   if 语句以及用 if 语句构成的分支结构

在 C 语言的程序设计过程中，我们可以运用前面讲到的关系运算和逻辑运算来表达不同的情形，这节我们学习 if 语句，有了 if 语句，我们就可以让程序根据不同的情形有选择地执行我们需要的程序，这类程序结构称为分支结构，根据 if 语句的逻辑关系，可以将 if 语句划分为两种基本形式。

4.3.1　if 语句的两种基本形式

（1）单分支 if 语句，即不含 else 子句的 if 语句

语句格式如下：

```
if(表达式)
    语句    /*if子句*/
```

语句执行过程如下：

首先计算紧跟在 if 后面一对圆括号中的表达式的值。

① 如果表达式的值为"真"，则执行其后的 if 子句，即其下面的最近的一条语句或其下面最近的复合语句，然后再去执行 if 语句后面的其他语句。

② 如果表达式的值为"假"，则跳过 if 子句，直接执行 if 语句后面的其他语句。

执行过程可用流程图（图 4.1）来表示。

例如：

```
if(a>b)
    a++;        /*if子句*/
b++;
```

执行过程：先计算 a>b 的值，如果为"真"，执行 a++，然后再去执行 b++；如果为"假"，跳过 a++，直接去执行 b++。

再如：

```
if(a>b)
    {a++;
    b++;}       /*此复合语句是if子句*/
c++;
```

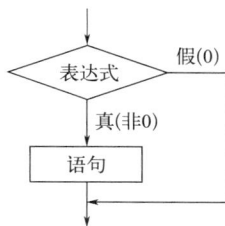

图 4.1　单分支选择结构的执行过程

执行过程：先计算 a>b 的值，如果为"真"，执行复合语句"a++;b++;"，然后再去执行 c++；如果为"假"，跳过复合语句"a++;b++;"，直接去执行 c++。

说明：if 后面一对圆括号中的表达式可以是任意合法的表达式。

例如：

```
if(x=y)
    printf("%d\n",x++);
printf("%d\n", ++y);
```

执行过程：先计算表达式 x=y 的值，即先把 y 赋给 x，然后判断 x 为"真"或"假"，如果 x 为"真"，则执行 printf("%d\n",x++)，然后再去执行 printf("%d\n", ++y)，如果 x 为"假"，则跳过 printf("%d\n",x++)，直接去执行 printf("%d\n", ++y)。

再如：

```
if(a++>b)
    printf("%d\n",a/b);
printf("%d\n", a%b);
```

执行过程：

第一步：计算 a>b 的值。

第二步：a 自增 1，即执行 a=a+1。

第三步：根据第一步计算的结果是"真"还是"假"来决定执行哪些语句。

使用 if 语句要注意以下几个方面：

① if 是 C 语言的关键字，必须小写，而且 if 后面的一对圆括号不能省略。

② 不要轻易在 if 后面的一对圆括号后面加分号";"，否则会出现错误或改变 if 子句。

例如：

```
if(a>b);
   a++;
b++;
```

上例中虽然不会出现错误提示，但是 if 子句已经变为空语句";"了。

（2）双分支 if 语句，即含 else 子句的 if 语句

语句格式如下：

```
if(表达式)    语句1
else          语句2
```

说明：if 和 else 都是 C 语言的关键字，而且 else 不能单独出现。"语句 1"称为 if 子句，"语句 2"称为 else 子句，这些语句可以是一条语句，也可以是复合语句。

语句执行过程如下。

首先计算紧跟在 if 后面一对圆括号中的表达式的值。

① 如果表达式的值为"真"，则执行其后的 if 子句，即其下面的最近的一条语句或其下面最近的复合语句，然后再去执行 if 语句后面的其他语句。

② 如果表达式的值为"假"，则跳过 if 子句，去执行 else 子句，然后再去执行 if 语句后面的其他语句。

执行过程可用流程图（图 4.2）来表示。

例如：

```
if(a>b)
  printf("%d\n",a);      /*if 子句*/
else printf("%d\n",b);   /*else 子句*/
```

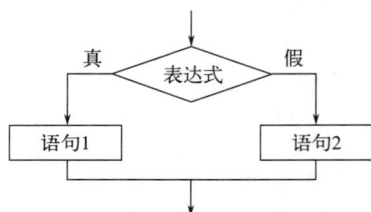

图 4.2　双分支选择结构的执行过程

执行过程：先计算表达式 a>b 的值，如果为"真"，则执行 if 子句（注意：else 子句就不执行了），然后再去执行 if 语句后面的其他语句；如果为"假"，则执行 else 子句（注意：if 子句就不执行了），然后再去执行 if 语句后面的其他语句。

使用 if…else… 语句应注意以下几个方面：

① if 和 else 都是 C 语言的关键字，必须小写。

② else 不是一条独立的语句，不能单独出现，必须与 if 配对使用，配对的原则是：else 与其上面最近的且没使用的 if 配对。

【例 4.3】　分析下面程序。

```
#include<stdio.h>
void main()
{ int a=2,b=-1,c=2;
  if(a<b)
    if(b<0)  c=0;
      else c+=1;
```

```
        printf("c=%d",c);
    }
```

程序运行结果是：c=2

分析：根据 else 与 if 的配对原则，else 应该与 if(b<0)配对，共同组成一条 if…else… 语句来作为 if(a<b)的子句。

③ 在 if 和 else 之间不能出现第二条语句或第二条复合语句，否则会出现错误提示。

例如：
```
if(x==y)
    x++;
    printf("%d\n",x);
else printf("%d\n",x*y);
```

当执行上述 if…else…语句时，会出现 "illegal else without matching if" 错误提示，原因是：在 if 和 else 之间出现了第二条语句 "printf("%d\n",x);"。

如果改写成下面的形式就不会出现错误提示了：
```
if(x==y)
      {x++;
       printf("%d\n",x);}   /*此复合语句是 if 子句*/
else   printf("%d\n",x*y);
```

4.3.2　嵌套的 if 语句

当 if 语句中的执行语句又是 if 语句时，则构成了 if 语句嵌套的情形。

一般形式可表示如下：
```
if(表达式)    if 语句;
```

或者为
```
if(表达式)
   if 语句;
else
   if 语句;
```

在嵌套内的 if 语句可能又是 if…else…型的,这将会出现多个 if 和多个 else 重叠的情况，这时要特别注意 if 和 else 的配对问题。

为了说明 if 语句嵌套的各种情形，我们给单分支 if 语句命名为 A，给双分支 if 语句命名为 B。

（1）在 A 语句中嵌套 A 语句

语句格式如下：
```
if(表达式1)
   if(表达式2) 语句1   /*if 子句*/
```

（2）在 A 语句中嵌套 B 语句

语句格式如下：
```
if(表达式1)
   if(表达式2) 语句1
```

```
    else 语句 2
```

（3）在 B 语句中嵌套 A 语句

① 第一种情形。语句格式如下：

```
if(表达式 1)
    { if(表达式 2) 语句 1}
else 语句 2
```

注意：上述语句格式中的一对花括号{ }不能省略，如果省略了一对花括号{ },则 else 就会与第二个 if 配对，形成了如下形式：

```
if(表达式 1)
    if(表达式 2) 语句 1
    else 语句 2              /*if 子句*/
```

等价于：

```
if(表达式 1)
    {if(表达式 2) 语句 1
     else 语句 2}            /*if 子句*/
```

例如：

```
if(a)
    {if(b)  b++; }
    else a++;
```

假设 a 和 b 的初值都为 0，上述程序段执行后：a=1，b=0。如果去掉上述程序段中的一对花括号{}，则上述程序段执行后：a=0，b=0。

② 第二种情形。语句格式如下：

```
if(表达式 1)
    语句 1
else  if(表达式 2) 语句 2
```

执行过程：当表达式 1 为"真"时，执行语句 1（此时不执行"if(表达式 2)语句 2"）；当表达式 1 为"假"时，执行"if(表达式 2)语句 2"，即当表达式 2 为"真"时，执行语句 2，当表达式 2 为"假"时，跳过语句 2，执行后面的其他语句。

例如：

```
int a=6,b=9,c;
    if(a==b)
        c=a^b;
    else if(a<b)  c=a|b;
```

上述程序段运行后，c 的值等于 15。

（4）在 B 语句中嵌套 B 语句

① 第一种情形：在 B 语句的语句 1 中嵌套 B 语句。

语句格式如下：

```
if(表达式 1)
    if(表达式 2) 语句 1
    else 语句 2
else 语句 3
```

执行过程：当表达式 1 为 "真" 时，执行内嵌的 if…else…语句（此时不执行语句 3）；当表达式 1 为 "假" 时，执行语句 3（此时不执行内嵌的 if…else…语句，即跳过内嵌的 if…else…语句）。

例如：

```
int a=2,b=4,c=0;
if(a)
   if(!b)  c=a<<1;
      else  c=b>>1;
else c+=1;
```

上述程序段运行后，c 的值等于 2。

② 第二种情形：在 B 语句的语句 2 中嵌套 B 语句。

语句格式如下：

```
if(表达式1) 语句1          /*语句1为if的子句*/
   else
     if(表达式2) 语句2
      else 语句3          /* if(表达式2) 语句2…else 语句3为else子句*/
```

或写成：

```
if(表达式1) 语句1          /*语句1为if子句*/
   else  if(表达式2) 语句2
           else 语句3     /* if(表达式2) 语句2…else 语句3为else子句*/
```

执行过程：当表达式 1 为 "真" 时，执行语句 1（此时不执行 "if(表达式2)语句2…else 语句 3"）；当表达式 1 为 "假" 时，执行 "if(表达式 2)语句2…else 语句 3"，即当表达式 2 为 "真" 时，执行语句 2，当表达式 2 为 "假" 时，执行语句 3。

当 else 子句中多次嵌套 if 语句时就形成了 if…else…if 语句，因此本书强调 if 语句有两种形式而不是三种。

【例 4.4】 根据输入的学生成绩输出相应的等级，大于或等于 90 分的等级为 A，大于或等于 80 分并且小于 90 分的等级为 B，依此类推，每 10 分为一个等级，60 分以下的等级为 E。

按照题的要求，绘制传统流程图，如图 4.3。表达式 1～4 分别代表相应等级。

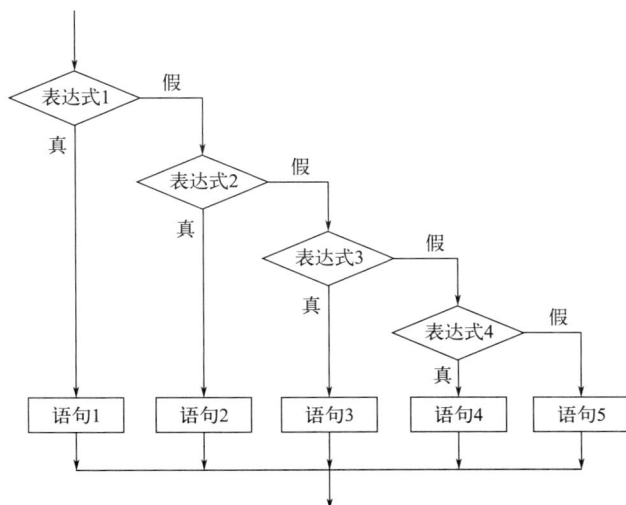

图 4.3 多分支选择结构的执行过程

源代码如下：

```
#include<stdio.h>
void main()
{  int score;
   printf("Input score:");
   scanf("%d",&score);
   if(score>=90)  printf("The %d is belong to %c\n",score,'A');
      else if(score>=80)  printf("The %d is belong to %c\n",score,'B');
         else if(score>=70)  printf("The %d is belong to %c\n",score,'C');
            else if(score>=60)  printf("The %d is belong to %c\n",score,'D');
               else printf("The %d is belong to %c\n",score,'E');
}
```

当执行以上程序时，首先输入学生的成绩，然后进入 if 语句有选择地执行 if 子句。

程序运行结果：

```
Input score:85✓
The 85 is belong to B
```

4.4　条件表达式构成的分支结构

不仅仅 if 语句可以实现分支，C 语言又提供了条件运算符来实现分支。如果在 if 语句中，只执行单个的赋值语句，则可使用由条件运算符构成的条件表达式来实现，这样一来程序更简洁、运行效率更高。

① 条件运算符是由"?"和":"组成的，它是一个三目运算符，即要求有三个运算对象。

② 由条件运算符构成的条件表达式的一般形式为：

表达式 1?表达式 2:表达式 3

执行过程为：如果表达式 1 的值为真，则以表达式 2 的值作为条件表达式的值，否则以表达式 3 的值作为整个条件表达式的值。

条件表达式通常用于赋值语句之中。

例如条件语句：

```
if(a>b)  max=a;
   else   max=b;
```

可用条件表达式写为"max=(a>b)?a:b;"，二者功能完全等价，谁更简洁一目了然。

③ 条件表达式的使用规则：

（a）条件运算符的运算优先级低于关系运算符和算术运算符，但高于赋值运算符。因此表达式 max=(a>b)?a:b 与 max=a>b?a:b 等价。

（b）条件运算符"?"和":"是一对运算符，不能分开单独使用。

（c）条件运算符的结合方向是自右至左。因此 a>b?a:c>d?c:d 应理解为 a>b?a:(c>d?c:d)，这也是条件表达式嵌套的情形，即其中的表达式 3 又是一个条件表达式。

例如：

```
int a=6,b=3,c=9,d=7,t1,t2;
t1=a>b?a:(c>d?c:d);
```

```
t2=a>b?(a>c?d:c):d;
printf("t1=%d\nt2=%d\n",t1,t2);
```

上述程序段运行后的结果是：

```
t1=6
t2=9
```

【例 4.5】 用条件运算符改写例 4.4 中的程序。

```
#include<stdio.h>
void main()
{  int score;
   char grade;
   printf("Input  score:");
   scanf("%d",&score);
   grade=score>=90?'A':score>=80?'B':score>=70?'C':score>=60?'D':'E';
   printf("The %d is belong to %c\n",score,grade);
}
```

程序运行结果：

```
Input score:85✓
The 85 is belong to B
```

对比例 4.4 和例 4.5 程序可以看出例 4.5 的代码更为简洁。

4.5 switch 语句

（1）switch 语句的格式

在编写程序时，经常会碰到多分支的情况，这时可用嵌套 if…else…if 语句来实现，但如果分支较多，则 if 语句层数就多，导致使用起来不方便，并且容易出错。针对这种情况，C 语言提供了 switch 语句直接处理多分支情况。

switch 语句格式为：

```
switch(表达式)
{
  case 常量表达式 1: 语句组 1 或空;
  case 常量表达式 2: 语句组 2 或空;
   …
  case 常量表达式 n: 语句组 n 或空;
  default: 缺省语句组;
}
```

（2）switch 语句执行过程

① 首先计算 switch 后面的一对小括号中的表达式的值。

② 在 switch 语句体内寻找与其相匹配的常量表达式（值），如果找到了，则开始执行其后面的语句组，包括执行其后的所有 case 和 default 中的语句组，直到 switch 语句结束；如果没有找到，需要分两种情况，一是有 default，则开始执行 default 后面的语句，包括执行 default 后面所有 case 中的语句组；二是没有 default，则跳过 switch 语句体，去执行 switch

语句之后的其他语句。

（3）使用 switch 语句的注意事项

① switch 后面的表达式可以是整型常量或变量、字符常量或变量、关系表达式、逻辑表达式、整型算术表达式等。

② case 后面的常量表达式可以为任何整型数据或字符型数据，但不能是变量。

③ 每一个 case 的常量表达式的值必须互不相同，否则就会出现互相矛盾的现象（对表达式的同一个值，有两种或多种执行方案）。

④ 每个 case 或 default 后的语句可以是语句组，但不需要使用"{"和"}"括起来。

⑤ 多个 case 可以共用同一组执行语句。

⑥ 关键字 case 和后面的常量表达式之间一定要有空格，例如"case 10:"不能写成"case10:"。

⑦ default 语句可以缺省也可以放在花括号内的任意位置（不一定放在最后），如果缺省，而且所有 case 后面的常量表达式的值与 switch 后面的表达式的值不等，则什么也不执行，直接退出 switch 语句。

⑧ switch 结构也可以嵌套，即在一个 switch 语句中嵌套另一个 switch 语句。

【例 4.6】 用 switch 语句改写例 4.4 中的程序。

```
#include<stdio.h>
void main()
{  int score;
   printf("Input  score:");
   scanf("%d",&score);
   switch(score/10)
   { case 10:
     case 9: printf("The %d is belong to %c\n",score,'A');
     case 8: printf("The %d is belong to %c\n",score,'B');
     case 7: printf("The %d is belong to %c\n",score,'C');
     case 6: printf("The %d is belong to %c\n",score,'D');
     default: printf("The %d is belong to %c\n",score,'E');
   }
}
```

执行以上程序，输入了一个 85 分的学生成绩后，接着执行 switch 语句，首先计算 switch 后一对括号中的表达式"85/10"，它的值是 8，然后寻找与 8 匹配的 case 值，找到 case 8 分支后，开始执行其后的各语句。程序执行结果为：

```
Input score:85✓
The 85 is belong to B
The 85 is belong to C
The 85 is belong to D
The 85 is belong to E
```

可见程序执行结果并不满足我们的要求，除了输出我们期望的 B 级以外，还多输出了 C、D、E。为了改变这种多余输出的情况，switch 语句还常常需要与 break 语句配合使用。即把 break 语句，作为每个 case 分支的最后一条语句，当执行到 break 语句时，使流程跳出本条 switch 语句，使得 switch 语句真正起到多分支的作用。

break 语句的作用是：跳出本层的 switch 语句。将例 4.6 中的程序改写一下，得例 4.7 中的程序。

【例 4.7】　联合 switch 语句和 break 语句来实现多分支。

```
#include<stdio.h>
void main()
{ int score;
  printf("Input  score:");
  scanf("%d",&score);
  switch(score/10)
  { case 10:
    case 9: printf("The %d is belong to %c\n",score,'A');break;
    case 8: printf("The %d is belong to %c\n",score,'B'); break;
    case 7: printf("The %d is belong to %c\n",score,'C'); break;
    case 6: printf("The %d is belong to %c\n",score,'D'); break;
    default: printf("The %d is belong to %c\n",score,'E');
  }
}
```

程序运行结果：

```
Input score:85✓
The 85 is belong to B
Input score:56✓
The 56 is belong to E
```

从运行结果来看，达到了我们预期的输出结果。

这里的例 4.4、例 4.5、例 4.6、例 4.7 说明的是一个问题，可以看出一个实际问题可以有多种方法来解决，请读者思考一下：如果学生的成绩不是整数，上述的几个例子将如何改动才能满足问题的要求呢？

【例 4.8】　分析下面程序。

```
#include <stdio.h>
void main()
{ int x=0;y=2;z=3;
  switch(x)
  { case 0:switch(y==2)
    { case 1:printf("*");break;
      case 2:printf("%");break;
    }
    case 1:switch(z)
    { case 1:printf("$");
      case 2:printf("*");break;
      default:printf("#");
    }
}}
```

程序运行结果：

```
*#
```

这个程序是 switch 语句的嵌套情形，从程序执行结果可以看出，break 语句只能跳出本层 switch 语句，因此必须掌握语句的结构才能真正读懂程序。

其实以上各种分支结构都可以应用于同一问题的求解，只要真正掌握其中一种编程就没有问题，C 语言提供这么多种方法也只是为了迎合不同人的自身习惯及问题处理的便利性。

在线习题

第 4 章视频微课二维码

使用方法：使用手机扫描下方二维码可以获得教师授课视频，用于课后学习、巩固课堂讲授内容。

第5章
循环结构程序设计

循环结构是程序中一种很重要的结构。其特点是：在给定条件成立时，反复执行某程序段，直到条件不成立为止。给定的条件称为循环条件，反复执行的程序段称为循环体。C语言提供了多种循环语句，可以组成各种不同形式的循环结构。

① 用 goto 语句和 if 语句构成循环（此法已不提倡使用，本书不予赘述）；

② 用 while 语句；

③ 用 do-while 语句；

④ 用 for 语句。

5.1 while 语句以及用 while 语句构成的循环结构

5.1.1 while 循环的一般形式

由 while 语句构成的循环也称当循环，while 循环的一般形式如下：

```
while(表达式)   语句
```

其中，表达式是循环条件，语句为循环体。

while 语句的语义是：计算表达式的值，当值为"真"（非 0）时，执行循环体语句，否则退出循环。

说明：

① while 是 C 语言的关键字，要小写。

② while 后一对圆括号中的表达式可以是 C 语言中任意合法的表达式，但不能为空，由它来控制循环体是否执行。

③ 在语法上，循环体只能是一条可执行语句，若循环体内有多条语句，则必须用一对花括号"{}"括起来，构成一条复合语句。

④ 对于任何循环，必须掌握两点内容：一是循环条件是什么？二是循环体是谁？

⑤ 如何结束循环，一般是两种方式：一是正常结束（即不满足循环条件了）；二是中途结束（用 break 语句，具体使用见 5.4 节）。

5.1.2　while 循环的执行过程

while 循环的执行过程如下：

① 计算 while 后圆括号中表达式的值。当值为非 0 时，执行步骤②；当值为 0 时，执行步骤④。

② 执行循环体一次。

③ 转去执行步骤①。

④ 退出 while 循环。

其执行过程可用图 5.1 表示。

请初学者注意：

① while 语句的循环体可能一次都不执行，因为 while 后圆括号中的条件表达式可能一开始就为 0。

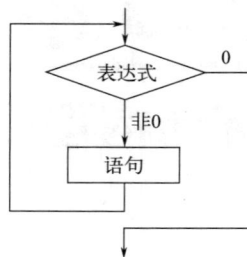

图 5.1　while 循环语句的执行流程

② 不要把由 if 语句构成的分支结构与由 while 语句构成的循环结构混同起来。若 if 后条件表达式的值为非 0，其后的 if 子句只可能执行一次；而 while 后条件表达式的值为非 0 时，其后的循环体语句可能重复执行。在设计循环时，通常应在循环体内改变条件表达式中有关变量的值，使条件表达式的值最终变为 0，以便能结束循环。

③ 当循环体需要无条件循环时，条件表达式可以设为 1（恒真），但在循环体内要有带条件的非正常出口（break 等）。

【例 5.1】　用 while 语句求 $s=1+2+3+\cdots+100$。

用传统流程图和 N-S 流程图表示算法，见图 5.2（a）和图 5.2（b）。

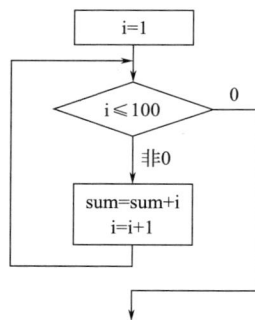
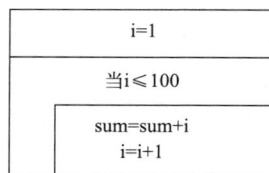

(a) 传统流程图　　　　　　　　(b) N-S 流程图

图 5.2　例 5.1 算法流程图

根据流程图写出程序：

```c
#include<stdio.h>
void main()
    {
    int i,sum=0;
    i=1;
    while(i<=100)
        {
```

```
            sum=sum+i;
            i++;
        }
    printf("sum=%d\n",sum);
}
```

程序执行后输出以下结果:

```
sum=5050
```

本例利用 while 循环语句实现了数据累加运算和循环控制变量 i 自增运算的重复执行。

【例 5.2】 用 while 语句求 $s=1+1/(2\times2)+1/(3\times3)+1/(4\times4)+\cdots+1/(100\times100)$。

分析: 本题的算法也是求累加和, 只是求和的每一项与例 5.1 不同。本题是求分式的累加和, 因此需要注意: 求和变量 sum 应该是 double 或 float 型。由于分式中每一项的分子小于分母, 因此为使分式的值不为零, 累加的每一项应该写成 1.0/(i*i)。编写程序如下:

```
#include<stdio.h>
void main()
{   double sum=0;
    int i;
    i=1;
    while(i<=100)
        {
            sum=sum+1.0/(i*i);
            i++;
        }
    printf("sum=%f\n",sum);
}
```

程序执行后输出以下结果:

```
sum=1.634984
```

【例 5.3】 用 $\dfrac{\pi}{4}=1-\dfrac{1}{3}+\dfrac{1}{5}-\dfrac{1}{7}+\dfrac{1}{9}-\cdots$ 求 π 的近似值, 直到最后一项的绝对值小于 10^{-6} 为止。

分析: 本题的基本算法也是求累加和, 但比例 5.2 稍复杂。

① 用分母的值来控制循环的次数。若用 n 存放分母的值, 则每累加一次 n 应当增 2。每次累加的数不是整数, 而是一个实数, 因此 n 应当定义成 float 类型。

② 可以看成隔一项的加数是负数。若用 t 来表示相加的每一项, 则每加一项之后, t 的符号 s 应当改变, 这可用交替乘 1 和−1 来实现。

③ 从以上求 π 的公式来看, 不能决定 n 的最终值应该是多少, 但可以用最后一项的绝对值小于 10^{-6} 来作为循环的结束条件。

程序如下:

```
#include<stdio.h>
#include<math.h>                /*调用 fabs 函数时要求包含 math.h 文件*/
void main()
{
    float n,t,pi;
    int s;
    s=1;                        /*用 s 存放符号位, 其值在 1 和−1 之间变化*/
    n=1.0;                      /*用 n 存放每项的分母*/
```

```
    t=1.0;                      /*用 t 存放每项的值, 初值为 1*/
    pi=0;                       /*用 pi 存放所求 π 的值, 初值为 0*/
    while(fabs(t)>=1e-6)        /*fabs(t)就是 t 的绝对值*/
       {  pi+=t;
          n+=2;
          s=-s;                 /*改变符号*/
          t=s/n;
       }
    pi=pi*4;
    printf("pi=%f\n",pi);
}
```

程序执行后输出以下结果:

```
pi=3.141594
```

while 语句一般用于事先并不知道循环次数的循环, 例如通过控制精度等进行的计算可用 while 循环来实现。

5.2 do-while 语句以及用 do-while 语句构成的循环结构

5.2.1 do-while 语句构成的循环结构

do-while 循环结构的形式如下:

```
do
    循环体
while (表达式);
```

do-while 语句的语义是:先执行循环体中的语句,然后再判断表达式是否为真, 如果为真则继续循环; 如果为假, 则终止循环。因此, do-while 循环至少要执行一次循环语句。

说明:

① do 是 C 语言的关键字, 必须和 while 联合使用。

② do-while 循环由 do 开始, 至 while 结束。必须注意的是: 在 "while (表达式)" 后的 ";" 不可丢, 它表示 do-while 语句的结束。

③ while 后一对圆括号中的表达式, 可以是 C 语言中任意合法的表达式, 由它控制循环是否执行。

④ 按语法, 在 do 和 while 之间的循环体只能是一条可执行语句。若循环体内需要多个语句, 应该使用复合语句。

5.2.2 do-while 循环的执行过程

do-while 循环的执行过程如下:

① 执行 do 后面循环体中的语句。

② 计算 while 后一对圆括号中表达式的值。当值为非 0 时, 转去执行步骤①; 当值为 0 时, 执行步骤③。

③ 退出 do-while 循环。

其执行过程可用图 5.3 表示。

由 do-while 构成的循环与 while 循环十分相似，它们之间的重要区别是：while 循环的控制出现在循环体之前，只有当 while 后面条件表达式的值为非 0 时，才能执行循环体，因此循环体可能一次都不执行；在 do-while 构成的循环中，总是先执行一次循环体，然后再求条件表达式的值，因此，无论条件表达式的值是 0 还是非 0，循环体至少要被执行一次。

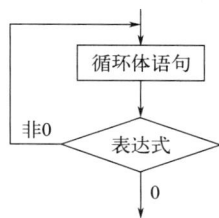

图 5.3　do-while 语句的执行流程

和 while 循环一样，在 do-while 循环体中，一定要有能使 while 后表达式的值变为 0 的操作，否则，循环将会无限制地进行下去，除非循环体中有带条件的非正常出口（break 等）。

【例 5.4】　用 do-while 语句求 $s=1+2+3+\cdots+100$。

用传统流程图和 N-S 流程图表示算法，见图 5.4（a）和图 5.4（b）。

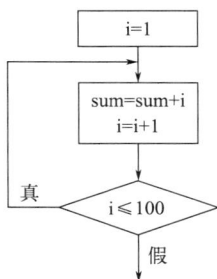
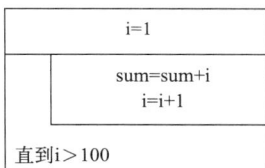

(a) 传统流程图　　　　　　　　(b) N-S流程图

图 5.4　例 5.4 算法流程图

根据流程图写出程序：
```c
#include<stdio.h>
void main()
{
    int i,sum=0;
    i=1;
    do
    {
        sum=sum+i;
        i++;
    }
    while(i<=100);
    printf("%d\n",sum);
}
```
程序执行后输出以下结果：
```
sum=5050
```
【例 5.5】　用迭代法求方程 $\cos y=y$ 的根，要求误差小于 10^{-6}。

分析：迭代法的求解思想是从一个初始值开始，将初始值代入迭代公式，得到一个迭代输出值。再次迭代时，将上一次的迭代输出当作本次的迭代输入，不断重复以上过程，直到满足要求为止。根据迭代法的基本思想，求解步骤如下：

① 取 y1 的初值为 0.0。

② y0=y1，把 y1 的初值赋给 y0。

③ y1=cos(y0)，求出一个新的 y1。

④ 判断 $|y0-y1|<10^{-6}$ 是否成立，若 y0-y1 的绝对值小于 10^{-6}，则执行步骤⑤，否则执行步骤②。

⑤ 所求 y1 就是方程 $\cos y=y$ 的根。计算结束，输出结果。

程序如下：

```
#include<stdio.h>
#include<math.h>
void main()
  { double y0,y1=0.0;
    do {
         y0=y1;
         y1=cos(y0);
       }
    while(fabs(y0-y1)>=1e-6);
    printf("y1=%f\n",y1);
  }
```

程序执行后输出以下结果：

```
y1=0.739086
```

【例 5.6】 计算 Fibonacci 数列，直到某项大于 1000 为止，并输出该项的值。

分析：Fibonacci 数列，$f_0=0$，$f_1=1$，$f_2=1$，$f_3=2$，$f_4=3$，…，$f_n=f_{n-2}+f_{n-1}$。程序中可定义三个变量 f1、f2 和 f，给 f1 赋初值 0，f2 赋初值 1，然后进行以下步骤：

① f=f1+f2，f1=f2，f2=f。

② 判断 f2 是否大于 1000，若不大于，重复执行步骤①继续循环；否则执行步骤③。

③ 循环结束，输出 f2 的值。

程序如下：

```
#include<stdio.h>
void main()
{  int f1,f2,f ;
   f1=0; f2=1;
   do
     {  f=f1+f2;
        f1=f2;
        f2=f;
     } while(f2<=1000);
   printf("F=%d\n",f2);
}
```

程序执行后输出以下结果：

```
F=1597
```

5.3　for 语句以及用 for 语句构成的循环结构

5.3.1　for 语句构成的循环结构

for 语句构成的循环结构通常称为 for 循环。for 循环的一般形式如下：

```
for(表达式 1;表达式 2;表达式 3)    循环体
```

for 是 C 语言的关键字，其后的一对圆括号中通常含有三个表达式，各表达式之间用"；"隔开。这三个表达式可以是任意形式的表达式，通常主要用于 for 循环的控制。紧跟在 for(…)之后的循环体语句在语法上要求是一条语句，若在循环体内需要多条语句，应该使用复合语句。

for 语句最简单的应用形式也是最容易理解的形式如下：

```
for(循环变量赋初值;循环条件;循环变量增量)    循环体
```

例如：

```
for(i=1; i<=100; i++)   sum=sum+i;
```

以上 for 循环的作用是求 *s*=1+2+3+…+100，它相当于以下语句：

```
i=1;
while (i<=100)
        {
            sum=sum+i;
            i++;
        }
```

显然，用 for 语句简单、方便。对于以上 for 语句的一般形式也可以改写成 while 循环的形式：

```
表达式 1;
while (表达式 2)
{
    循环体
    表达式 3;
}
```

在 C 语言中，for 语句使用最为灵活，不仅可以用于循环次数已经确定的情况，而且可以用于循环次数不确定而只给出循环结束条件的情况，它完全可以代替 while 语句。

5.3.2　for 循环的执行过程

for 循环的执行过程如下：

① 求解表达式 1。

② 求解表达式 2，若其值为非 0，转去执行步骤③；若其值为 0，转步骤⑤。

③ 执行一次 for 循环体。

④ 求解表达式 3，转向步骤②。

⑤ 循环结束。

其执行过程可用图 5.5 表示。

由 for 循环的执行过程，可以看出"表达式 1"只能被执行一次，它可以是设置循环控制变量初始值的赋值表达式，也可以是与循环控制变量无关的其他表达式。"表达式 2"的值决定了是否继续执行循环。"表达式 3"的作用通常是不断改变循环控制变量的值，最终使"表达式 2"的值为 0。由于第一次计算"表达式 2"时，其值可能等于 0，因此 for 循环语句的循环体可能一次也不执行。

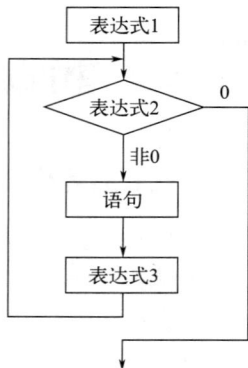

图 5.5　for 循环的执行流程

5.3.3　有关 for 语句的说明

（1）表达式的"省略"

如果在 for 语句之前给循环控制变量赋了初值，则表达式 1 可以省略，但其后的分号不可省略。

对于从 1 到 100 求和的 for 循环语句：

```
for(i=1; i<=100; i++)  sum=sum+i;
```

如果省略表达式 1，可以写成如下形式：

```
i=1;            /* 在 for 语句之前给循环控制变量赋初值*/
for( ; i<=100; i++)  sum=sum+i;
```

如果省略表达式 3，则应在 for 语句的循环体内修改循环控制变量，例如：

```
for(i=1; i<=100;)
        {  sum=sum+i;
          i++;        /* 修改循环控制变量*/
        }
```

如果表达式 1 和表达式 3 都省略，则 for 语句就相当于 while 语句，例如：

```
i=1;
for (;i<=100;)
        {  sum=sum+i;
          i++;
        }
```

如果 3 个表达式都省略，则 for 是无循环终止条件的循环，可以利用 break 语句终止循环，例如：

```
i=1;
for(; ;)
    {  sum=sum+i;
       i++;
       if(i>100)break; /* 如果 i 大于 100，则退出循环 */
    }
```

总之，for 语句中的三个表达式可以都省略，也可以部分省略，但是起分隔作用的两个分号是绝不能省略的。

（2）for 语句中的逗号表达式

逗号运算符的主要应用就是在 for 语句中。for 语句中的表达式 1 和表达式 3 可以是逗号表达式，特别是在有两个循环控制变量参与循环控制的情况下。若表达式 1 和表达式 3 为逗号表达式，将使程序显得非常清晰，例如：

```
#include<stdio.h>
void main()
{  int i,j;
   for(i=1,j=10;i<j;i++,j--)
   printf("i=%d,j=%d\n",i,j);
}
```

运行结果为：

```
i=1,j=10
i=2,j=9
i=3,j=8
i=4,j=7
i=5,j=6
```

以上程序中 for 语句的表达式 1（i=1,j=10）是逗号表达式，它为两个循环控制变量赋初值；表达式 3（i++,j--）也是逗号表达式，它的作用是修正两个循环控制变量的值。

（3）循环体为空语句

对于 for 语句，循环体为空语句的一般形式为：

```
for(表达式1;表达式2;表达式3);
```

例如：求 $s=1+2+3+\cdots+100$ 可以用如下循环语句完成。

```
for(sum=0,i=1;i<=100;sum+=i,i++);
```

上述 for 语句的循环体为空语句，不做任何操作。实际上已把求累加和的运算放入表达式 3 中了。

C 语言中的 for 语句书写灵活，功能较强。在 for 后的一对圆括号中，允许出现各种形式的与循环控制无关的表达式，虽然这在语法上是合法的，但这样会降低程序的可读性。建议初学者在编写程序时，在 for 后面的一对圆括号内，仅含有能对循环进行控制的表达式，其他的操作尽量放在循环体内去完成。

【例 5.7】 根据公式 $s=1+1/(1+2)+1/(1+2+3)+\cdots+1/(1+2+3+\cdots+n)$，求前 20 项之和。

分析：本题主要是利用 for 循环来实现累加及递推运算，可由题中所给计算公式获得递推关系，程序中需要有累加和变量 sum，初值为 0，循环变量 i 从 1 到 20，以及一个累计量 t，t=1+2+3+\cdots+i。编写程序如下：

```
#include<stdio.h>
void  main()
   {  float sum=0.0;
      int t=0,i;
      for(i=1;i<=20;i++)
      {
          t+=i;
          sum+=1.0/t;
      }
   printf("the result is :sum=%f\n",sum);
}
```

程序执行后输出以下结果：

```
the result is:sum=1.904762
```

【例 5.8】 从键盘输入一个正整数，判断它是否为素数（质数）。

分析：按照素数的定义，如果一个数只能被 1 和它本身整除，则这个数是素数。反过来说，如果一个数 x 能被 2 到 $x-1$ 之间的某个数整除，则这个数就不是素数；而一个非素数有两对及以上因子，除一对是本身和 1 之外，另一对或以上因子中至少有一个数要小于或等于原数的一半和原数开平方后的取整。由此推理可得判断一个正整数 x 是否为素数的方法有三个：

① x 被 $2\sim x-1$ 来除，若都不能被整除，则 x 就是素数。

② x 被 $2\sim x/2$ 来除，若都不能被整除，则 x 就是素数。

③ x 被 $2\sim\sqrt{x}$ 来除，若都不能被整除，则 x 就是素数。

解法 1：利用标志变量法，在程序中设置一个标志，我们假定所有数都是素数，通过程序来动态改变标志，一旦标志变化则说明该数就不是素数，否则该数就是素数。编写程序如下：

```c
#include<stdio.h>
void main()
    { int x,i,f=1;       /*  f是标志变量   */
    scanf("%d",&x);
    for(i=2;i<x;i++)
    if(x%i==0) {f=0;break;}
    if(f==1) printf("是素数");
    else printf("不是素数");
    }
```

解法 2：利用判断循环是如何退出的方法。编写程序如下：

```c
#include<stdio.h>
void main()
    { int x,i;
    scanf("%d",&x);
    for(i=2;i<x;i++)
    if(x%i==0) break;
    if(i==x) printf("是素数");  /* 如果i等于x，说明循环是正常退出的 */
    else printf("不是素数");
    }
```

上述两种解法具有异曲同工之妙，请读者认真体会！

5.4 break 语句和 continue 语句在循环结构中的应用

5.4.1 break 语句

用 break 语句可以使流程跳出 switch 语句体，也可用 break 语句在循环结构中终止本层循环体，从而提前结束本层循环。

【**例 5.9**】　计算 $s=1+2+3+\cdots+i$，直到累加到 s 大于 5000 为止，并输出 s 和 i 的值。

```
#include<stdio.h>
void main()
    {  int i,s;
       s=0;
       for(i=1; ;i++)
           {s=s+i;
            if(s>5000)break;
           }
       printf("s=%d,i=%d\n",s,i);
    }
```

程序的输出结果如下：

```
s=5050,i=100
```

这是在循环体中使用 break 的示例。上例中，如果没有 break 语句，程序将无限循环下去，成为死循环。当 i=100 时，s 的值为 100×101/2=5050，if 语句中的条件表达式 s>5000 为"真"（值为 1），于是执行 break 语句，跳出 for 循环，从而终止循环。

break 语句的使用说明：

① 只能在循环体内和 switch 语句体内使用 break 语句。

② 当 break 出现在循环体中的 switch 语句体内时，其作用只是跳出该 switch 语句体，并不能终止循环体的执行。若想强行终止循环体的执行，可以在循环体中，但并不在 switch 语句中设置 break 语句，当满足限定条件时则跳出本层循环体。

5.4.2　continue 语句

continue 语句的作用是跳过本次循环体中余下尚未执行的语句，立刻进行下一次的循环条件判定，可以理解为仅结束本次循环。注意：执行 continue 语句并没有使整个循环终止。

在 while 和 do-while 循环中，continue 语句使得流程直接跳到循环控制条件的测试部分，然后决定循环是否继续进行。在 for 循环中，遇到 continue 后，跳过循环体中余下的语句，而去对 for 语句中的"表达式 3"求值，然后进行"表达式 2"的条件测试，最后根据"表达式 2"的值来决定 for 循环是否执行。在循环体内，不论 continue 是作为何种语句中的语句成分，都将按上述功能执行，这点与 break 有所不同。

【**例 5.10**】　把 100～200 之间的不能被 3 整除的数输出。

```
#include<stdio.h>
void main()
   {  int n;
      for(n=100;n<=200;n++)
        {  if(n%3==0)
           continue;
           printf("%d  ",n);
        }
      printf("\n");
   }
```

当 n 能被 3 整除时，执行 continue 语句，结束本次循环（即跳过 printf 函数语句），只有 n 不能被 3 整除时才执行 printf 函数。

当然，例 5.10 中的循环体也可以改用一个 if 语句处理：

```
if(n%3!=0) printf("%d ",n);
```

在程序中使用 continue 语句无非是为了说明 continue 语句的作用。

5.5 循环的嵌套

在一个循环体内又包含了另一个完整的循环结构，称为循环的嵌套。前面介绍的三种类型的循环都可以互相嵌套，循环的嵌套可以多层，但每一层循环在逻辑上必须是完整的。

在编写程序时，为了增强程序的可读性，循环嵌套的书写要采用缩进形式，像以下例题程序中所示，内循环中的语句应该比外循环中的语句有规律地向右缩进 2～4 列，这样的程序层次分明，易于阅读。

【例 5.11】 输出 $n \times n$ 个字符 "*"。

分析：

① n 行 "*" 的输出，可用下列循环控制：

```
for(i=1;i<=n;i++)
```

② 每行 n 个 "*" 的输出，可用下列循环语句实现：

```
for(j=1;j<=n;j++)
    putchar('*');
putchar('\n');
```

所以输出 $n \times n$ 行 "*" 可用双重循环语句实现，编写程序如下：

```
#include<stdio.h>
void main()
{  int i,j,n;
   scanf("%d",&n);
   for(i=1;i<=n;i++)
      {  for(j=1;j<=n;j++)        /* 输出一行'*' */
         putchar('*');
         putchar('\n');          /* 换行 */
      }
}
```

这是循环控制变量之间没有依赖关系的多重循环。在许多情况下，内循环的循环控制变量的初值或终值依赖于外循环控制变量。

【例 5.12】 编写程序输出如下图形。

```
*
* *
* * *
* * * *
* * * * *
```

分析：

① 用循环控制变量 i（1≤i≤5）控制输出行：

```
for(i=1;i<=5;i++)
```

② 每行上的 "*" 个数是随着行控制变量 i 的值变化而变化的。

i=1 时，执行 1 次 putchar('*');

i=2 时，执行 2 次 putchar('*');

…

i=5 时，执行 5 次 putchar('*');

输出第 i 行时执行 i 次 "putchar('*');"，所以内循环体语句应如下：

```
for(j=1;j<=i;j++)
    putchar('*');   /* 输出一行'*' */
```

因此，可用双重循环语句编写程序如下：

```
#include<stdio.h>
void main()
    { int i,j;
      for(i=1;i<=5;i++)
        { for(j=1;j<=i;j++)      /* 输出第 i 行'*' */
              putchar('*');
          putchar('\n');
        }
    }
```

【例 5.13】 编写程序，找出 2～100 以内的所有素数（质数）。

分析：由例 5.8 可知如何判定给定的一个正整数是否为素数。因此，要找出一个范围内的所有素数，可采用双重循环的方法来实现。设循环变量 i 从 2 到 100 做外循环，判断素数的过程做内循环，利用标志变量法编写程序如下：

```
#include<stdio.h>
void main()
{ int x,j,f;    /* f是标志变量   */
  for(x=2;x<=100;x++)
    { f=1;
      for(j=2;j<x;j++)
          if(x%j==0)  {f=0;break;}
      if(f==1)  printf("%d",x);
    }
}
```

【例 5.14】 编写程序，找出大于正整数 m 且靠近 m 的 k 个素数，m 和 k 均从键盘输入。

分析：本题中要求找出大于 m 且靠近 m 的 k 个素数，因此需要从 m+1 开始循环查找素数，如果是素数则将其输出，同时计数器 n 加 1，直到 n=k 为止。而验证一个数 i 是不是素数，则需要利用循环从 2 到 i−1 逐个去取余，都除不尽则是素数。编写程序如下：

```
#include<stdio.h>
void main()
    { int i,j,m,k,n=0;
      printf("please enter m and k:");
      scanf("%d%d",&m,&k);
      for(i=m+1;n<k;i++)
        { for(j=2;j<i;j++)
              if(i%j==0) break;
```

```
        if(j>=i) {printf("%d  ",i); n++;}
      }
    }
```

程序执行过程中输入：

20 5 ✓

则输出结果如下：

23 29 31 37 41

以上 4 个例子都是两重 for 循环嵌套。另外，3 种循环（while 循环、do-while 循环和 for 循环）也可以互相嵌套。

注意：循环嵌套的程序中，要求内循环必须被包含在外循环的循环体中，不允许出现内外层循环体交叉的情况。

5.6 三种循环的比较

三种循环都可以用来处理同一个问题，一般可以互相代替。例如，用三种循环方法都实现了求 s=1+2+3+…+100（即从 1 到 100 的和）。

for 循环语句和 while 循环语句都是先检查循环条件是否成立，后执行循环体，因此循环体可能一次也不执行；而 do-while 循环语句是先执行循环体，后检查循环条件是否成立，因此循环体至少被执行一次。

对于 while 和 do-while 循环语句，"表达式"中循环控制变量赋初始值是在执行这两个循环语句之前完成的；而对于 for 循环语句，"表达式 2"中的循环控制变量赋初始值既可在"表达式 1"中完成，又可在执行 for 循环语句之前完成。

为了防止出现"死循环"，while 和 do-while 循环语句的循环体中一般应包括改变"表达式"中循环控制变量值的语句，以便使循环操作趋于结束；而 for 循环语句通常是在"表达式 3"中包含改变循环控制变量的值，进而使循环趋于结束。

5.7 程序举例

【例 5.15】计算并输出 100 以内（包括 100）能被 3 或 7 整除的所有自然数的倒数之和。

分析：本例中要找到小于等于 100 的每一个整数，即用变量 i 从 1 到 100 循环，判断条件为能否被 3 或者被 7 整除，即 i%3==0||i%7==0，最后求得符合要求的自然数的倒数的累加和，编写程序如下：

```
#include<stdio.h>
void main( )
  { int i;
    double sum=0.0;
    for(i=1;i<=100;i++)
      { if(i%3==0 || i%7==0)
        sum+=1.0/i;
      }
```

```
        printf("sum=%f",sum);
    }
```

运行结果：

```
sum=1.728235
```

【例 5.16】 求分数序列 1/2，2/3，3/5，5/8，…前 10 项之和。

分析：本例每一个分数是斐波那契（Fibonacci）数列 1，1，2，3，5，8，21，…从第三项起前后两项的商。该分数序列从第二项起，每一项的分子是前一项的分母，每一项的分母是前一项的分子与分母之和。用变量 s 求和，s 初值为 0，用变量 m 来求各项的分子，变量 n 求各项的分母，k 为中间变量，初值 m=1，n=2。用变量 i 从 1 到 10 循环，"s=s+m/n；k=m+n;m=n;n=k;" 即可求该序列的和，编写程序如下：

```
#include<stdio.h>
void main( )
   { int i;
     float k,s=0,m=1,n=2;
     for(i=1;i<=10;i++)
          { s=s+m/n;
            k=m+n;
            m=n;
            n=k;
          }
        printf("s=%f",s);
   }
```

运行结果：

```
s=6.097960
```

【例 5.17】 找出 100～999 之间的所有"水仙花"数，所谓"水仙花"数是指一个三位数，其各位数字的立方和等于该数本身，例如 $153=1^3+3^3+5^3$，所以 153 是"水仙花"数。

分析：设 $100 \leqslant n \leqslant 999$，i、j、k 分别代表数 n 百位、十位、个位上的数字，则：

$$i=n/100$$
$$j=n/10\%10$$
$$k=n\%10$$

如果 $i^3+j^3+k^3==n$，则 n 即所求。编写程序如下：

```
#include<stdio.h>
void main( )
   { int i,j,k,n;
     for(n=100;n<=999;n++)
          { i=n/100;
            j=n/10%10;
            k=n%10;
            if(n==(i*i*i+j*j*j+k*k*k))
                printf("%d\n",n);
          }
   }
```

运行结果：

```
153
370
```

```
371
407
```

【例 5.18】 从键盘输入两个正整数 *m* 和 *n*，求这两个数的最大公约数和最小公倍数。

分析：求解最大公约数、最小公倍数的步骤如下：

① 输入两数 m 和 n，将较大者保存在变量 a 中，较小者保存在变量 b 中，采用 while 循环的方法求解最大公约数，结束条件是余数为 0。

② 求解最大公约数的思想俗称辗转相除法，即用 a 对 b 求余，如果余数为 0，则 b 即为两数的最大公约数；如果余数不为 0，则将 b 赋给 a，余数赋给 b，继续执行 a 对 b 求余运算，如此反复，直到余数为 0。

③ 最小公倍数等于两数的乘积除以最大公约数。

编写程序如下：

```
#include<stdio.h>
void  main()
    {  int  c,t,m,n,max,min;          /* 用 max 放最大公约数,用 min 放最小公倍数 */
       scanf("%d%d",&m,&n);
       t=m*n;                          /* 把 m 和 n 的乘积放在变量 t 中  */
       if(m<n)  {c=m;m=n;n=c;}         /* 让 m 放 m 和 n 中大的数, n 中放小的数*/
       c=m%n;
       while(c!=0)
          {
             m=n;
             n=c;
             c=m%n;
          }
       max=n;                          /* b 的值就是最大公约数 */
       min=t/max;                      /*最小公倍数等于两数的乘积除以最大公约数*/
       printf("max=%d,min=%d\n",max,min);
    }
```

程序执行过程中输入：

```
12  21 ↙
```

则输出结果如下：

```
max=3,min=84
```

【例 5.19】 从键盘输入正整数 *n*，程序的功能是将 *n* 中各位上为偶数的数取出，并按原来从高位到低位相反的顺序组成一个新的数，将其输出。

分析：本例中要将数 n 中的个位取出，应将 n%10，得到的是 n 的低位，存放到变量 t 中，由于题中要求按原来从高位到低位的相反的顺序组成一个新数 x，因此每次 x 乘 10 再加 t，即 x=x*10+t,这样低位就到高位上了，用 n 作循环变量，每次取 n 的个位，取完后应将 n 除以 10，让十位变成个位，为下次循环做好准备。编写程序如下：

```
#include<stdio.h>
void main( )
   {  long  n,x=0;
      int  t;
      scanf("%ld",&n);
      while(n)
```

```
    { t=n%10;
      if(t%2==0)
      x=x*10+t;
      n=n/10;
    }
    printf("x=%ld\n",x) ;
  }
```

程序执行过程中输入：

27638496 ✓

则输出结果如下：

x=64862

在线习题

第 5 章视频微课二维码

使用方法：使用手机扫描下方二维码可以获得教师授课视频，用于课后学习、巩固课堂讲授内容。

第6章

数组与指针

整型、实型和字符型是 C 语言提供的三种基本数据类型，是不可再分的类型。而在实际应用当中，往往需要处理大量的数据、复杂多样的数据。为了能方便、简洁、高效地解决这些问题，C 语言提供了一些复杂的称为构造类型的数据类型，如数组类型、结构体类型等。顾名思义，构造类型是指由基本类型数据按照一定的规则组合而成的类型。

数组是最基本的构造类型，它是由一组相同类型的数据组成的序列，是一个有序集合。这种集合即数组使用一个统一的数组名来标识。一个数组可以分解为多个数组元素，数组元素可以是基本数据类型也可以是构造类型。在内存中，一个数组的所有元素被顺序存储在一块连续的存储区域中（有序的含义就在于此，而不是指存放的值有序），使用数组名和该数组元素所在的位置序号（即数组元素下标）可以唯一地确定该数组元素。

正是这种有序性，我们可以利用指针变量的有效移动来实现对数组元素的访问。

本章将主要讨论数组的定义、引用、初始化、数组与字符串、数组与指针、字符串与指针以及各种应用等相关问题。

6.1 一维数组

6.1.1 一维数组的定义和数组元素的引用

C 语言规定：对要用到的变量要先定义，后使用。使用数组前，必须先进行定义。定义一个数组应明确数组名、数组元素类型、数组的长度（即数组中共有多少个元素）以及数组中每个元素带有几个下标。一维数组中的每一个元素只带有一个下标。

① 一维数组的一般定义形式为：

    类型标识符 数组名[整型常量表达式];

其中：类型标识符是数组中的每个数组元素所属的数据类型，可以是前面所学的基本数据类型 long、double、char 等，也可以是后面将要学习的其他数据类型，包括构造数据类型。

数组名是用户自定义的标识符，其命名规则同样遵循 C 语言用户标识符的命名规则，即变量的命名规则。

方括号中的整型常量表达式表示该数组中数组元素的个数，也称为数组的长度。

例如：
```
long score[10];
```
其中，long 表示数组元素的类型，score 是用户自定义标识符，常量表达式 10 表示数组长度，即元素个数。

关于数组定义的几点说明：

（a）在 C 语言的一个函数体中，数组名不能与其他变量名相同。例如："double score; long score[10];" 是错误的。

（b）允许在同一个类型说明中，说明多个数组和多个变量。例如 "float a1,a2,a3,b1[6], b2[8];"。

（c）上例方括号中的 10 说明了数组 score 含有 10 个数组元素，分别是 score[0]，score[1]，…score[9]，每个数组元素只有一个下标，下标从 0 开始，每个数组的第一个元素的下标都是 0。最后一个数组元素的下标为 9，即数组的长度-1，没有 score[10]这个数组元素。

（d）类型标识符 long 说明了该数组中每个元素都是长整型，每个数组元素只能存放长整型数，在内存中占有 4 个内存字节；如果把其他类型数据赋值给长整型变量，则自动进行类型转换。

（e）设有定义 long a[10]，则在内存中，该数组占有 10 个连续的存储单元，每个存储单元占有 4 个字节，如图 6.1 所示。

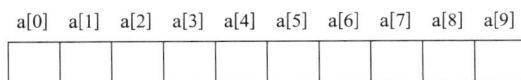

a[0]	a[1]	a[2]	a[3]	a[4]	a[5]	a[6]	a[7]	a[8]	a[9]

图 6.1　数组在内存中的存放规则

注意：不能在方括号中用变量来表示元素的个数，但是可以是整型的符号常量或常量表达式。

例如：
```
#define NUM 5
void main()
{
int a[8],b[3+7],c[7+NUM];
…
}
```
上述说明方式是合法的。

但是下述说明方式是错误的。
```
void main()
{
 int n=5;
 int a[n];
 …
}
```
② 引用一维数组元素的一般形式为：
```
数组名[下标]
```
其中，下标可以是整型的常量、变量或表达式。

例如：若有定义

```
double a[6];
```

则 a[5],a[i],a[j],a[i+j],a[5+i],a[i++]都是合法的数组元素。其中，5,i,j,i+j,5+i,i++称为下标表达式，由于定义时说明了数组的长度为 6，因此下标表达式的取值范围是大于等于 0 并且小于等于 5 的整数。

注意：

（a）一个数组元素实质上就是一个变量，代表内存中的一个存储单元，与相应类型的变量具有完全相同的性质。

（b）一个数组不能整体引用。对于以上定义的数组 a，不能使用 a 来代表 a[0],a[1],…,a[5]6 个元素，数组名实质上代表一个地址常量，代表着整个数组的首地址，也是第一个元素的地址，亦是该连续存储区域的起始地址。

（c）C 语言编译器并不检查数组元素的下标是否越界，即引用下标值范围以外的元素，编译器不提示出错信息。但由于下标越界的元素所用的存储空间并非系统分配的，所以引用时，得到的是一个随机值，向这些存储单元中存储数据，可能会破坏系统。因此，引用时应避免下标越界。

【例 6.1】 数组输入、输出方法示例。

```c
#include <stdio.h>
void main()
{
  int i,a[10];
  for(i=0;i<=9;i++)
      scanf("%d",&a[i]);
  for(i=0;i<=9;i++)
      printf("%d ",a[i]);
}
```

程序运行时输入：1 3 5 7 9 11 13 15 17 19<CR>
输出：1 3 5 7 9 11 13 15 17 19
此例中，输出数组 10 个元素时必须使用循环语句逐个输出：

```c
for(i=0; i<10; i++)
    printf("%d",a[i]);
```

而不能用一个语句输出整个数组，即不能使用数组名整体输入输出。

下面的写法是错误的：

```c
printf("%d",a);
```

6.1.2 一维数组的初始化

定义数组后，系统为定义的数组开辟一块连续的存储空间，给数组元素赋值的本质就是给上述存储空间赋值，可以用赋值语句对数组元素逐个赋值，也可以采用数组初始化方法对数组元素赋值。

数组初始化是指在定义数组的同时给数组元素赋初值。数组初始化是在编译阶段进行的，这样将减少运行时间，提高效率。

初始化赋值的一般形式为：

类型标识符 数组名[整型常量表达式]={初值表};

其中，在{}中的各数据值即为各元素的初值，各值之间用逗号间隔，给定初值的顺序即为在内存中的存放顺序。

例如：

```
int b[10]={0,1,2,3,4,5,6,7,8,9};
```

相当于 b[0]=0,b[1]=1,…,b[9]=9。

下面介绍一维数组初始化的几种形式：

① 完全初始化：定义数组的同时给所有的数组元素赋初值。

例如：

```
float s[5]={98.5,90.1,80.6,78.8,63.2};
int a[5]={1,2,3,4,5};
```

② 部分初始化：定义数组的同时只对前面部分数组元素赋初值。

例如：

```
float s[5]={98.5,90.1,80.6};
int a[5]={1};
```

该初始化分别等价于：

```
float  s[5]={98.5,90.1,80.6,0.0,0.0};
int a[5]={1,0,0,0,0};
```

即部分初始化对于没有给出具体初值的数组元素自动补 0 或 0.0。

③ 省略数组长度的完全初始化：即完全初始化数组时可以省略数组长度，这时 C 语言编译系统会根据所给的数组元素初值的个数来确定长度。

例如：

```
float s[]={98.5,90.1,80.6,78.8,63.2};
int a[]={1,2,3,4,5};
```

分别等价于：

```
float s[5]={98.5,90.1,80.6,78.8,63.2};
int a[5]={1,2,3,4,5};
```

6.1.3 一维数组程序举例

【例 6.2】 从键盘上给数组输入 10 个数，求出该数组的最大值及最大值的下标并输出。

```
#include "stdio.h"
void main()
{
  int i,max,a[10],below;
  printf("input 10 numbers: ");
  for(i=0;i<10;i++)              /*用 for 循环给数组输入 10 个数*/
        scanf("%d",&a[i]);
  max=a[0]; below=0;            /*假定 a[0]为最大值，below 变量存放最大值下标*/
  for(i=0;i<10;i++)              /*用 for 循环求出最大值及下标*/
        if(a[i]>max)
{max=a[i]; below=i;}
  printf("max=%d,below=%d\n",max,below);
}
```

程序运行时输入：1 -10 5 -7 9 21 13 11 -17 19<CR>

输出：max=21,below=5

本例程序中第一个 for 语句循环 10 次逐个输入 10 个数到数组 a 中。然后把 a[0]送入 max 中。在第二个 for 语句中，从 a[0]到 a[9]逐个与 max 中的内容比较，若比 max 的值大，则把该变量送入 max 中并且把下标值放入 below 变量中，因此 max 总是存放已比较过的变量中的最大者，同时 below 变量总是存放最大者的下标。比较结束，输出 max 的值和 below 值。

【例 6.3】 从键盘上给数组输入 10 个数，把一维数组中的元素逆置，结果仍然保存在原数组中。

```
#include "stdio.h"//数组首尾交换
main()
{
    int a[10],i,j,t;
    for(i=0;i<10;i++)                    /*用 for 循环给数组输入 10 个数*/
        scanf("%d",&a[i]);
    for(i=0,j=9;i<j;i++,j--)             /*循环实现逆置*/
    {
        t=a[i];
        a[i]=a[j];
        a[j]=t;
    }
    for(i=0;i<10;i++)                    /*用 for 循环输出排序后的 10 个数组元素*/
    printf("%d ",a[i]);
    putchar('\n');
}
```

【例 6.4】 对已排序完的数列进行折半查找。

折半查找从数组的中间元素开始，如果中间元素正好是要查找的元素，则查找过程结束；如果某一特定元素大于或者小于中间元素，则在数组大于或小于中间元素的那一半中查找，而且跟开始一样从中间元素开始比较。如果在某一步骤数组为空，则代表找不到。这种查找方法每一次比较都使搜索范围缩小一半。

```
#include "stdio.h"
main()
{
    int a[10],i,j,num,below,down,up,mid;    /*mid 是折半查找的中间位置*/
    for(i=0;i<10;i++)                        /*用 for 循环给数组输入 10 个数*/
        scanf("%d",&a[i]);
    printf("请输入要查找的数: ");
    scanf("%d",&num);
    down=0;
    up=9;
    mid=(down+up)/2;
    for(i=0;i<10;i++)                        /*循环完成查找*/
        if(a[mid]==num)                      /*找到了*/
        {
            below=mid;                       /*标记位置*/
            break;                           /*已找到，循环结束*/
        }
```

```
        else if(a[mid]<num)              /*要找的数据大于中间位置的数据*/
        {
            down=mid+1;                  /*数据在后一半，down 为后一半的开始数据位置*/
            mid=(down+up)/2;             /*计算出中间位置*/
        }
            else if(a[mid]>num)          /*要找的数据小于中间位置的数据*/
            {
                up=mid-1;                /*数据在前一半，up 为前一半的末尾数据位置*/
                mid=(down+up)/2;         /*计算出中间位置*/
            }
    for(j=0;j<10;j++)
        printf("%d ",a[j]);
    putchar('\n');
    if(i<10)
        printf("%d 是要找的数，是第%d 个\n",num,below);
    else printf("%d 是要找的数，无此数\n",num);
}
```

【例 6.5】 使用冒泡排序法对数组中的元素从小到大排序。

冒泡排序原理如下：

① 比较相邻的元素。如果第一个比第二个大，就交换它们两个。

② 对每一对相邻元素做同样的工作，从开始第一对到结尾的最后一对。这一步骤完成后，最后的元素应该是最大的数。

③ 针对所有的元素重复以上的步骤，除了最后一个。

④ 持续每次对越来越少的元素重复上面的步骤，直到没有任何一对数字需要比较。

```
#include "stdio.h"//冒泡排序
main()
{
    int a[10],i,j,t;
    for(i=0;i<10;i++)            /*用 for 循环给数组输入 10 个数*/
        scanf("%d",&a[i]);
    for(i=0;i<9;i++)             /*10 个数进行 9 趟循环*/
        for(j=0;j<9-i;j++)       /*每一趟中，相邻元素比较，使最大元素"沉底"*/
            if(a[j]>a[j+1])      /*相邻两元素比较，若前者大则交换*/
    {
    t=a[j+1];
    a[j+1]=a[j];
    a[j]=t;
    }
        for(i=0;i<10;i++)        /*用 for 循环输出排序后的 10 个数组元素*/
        printf("%d ",a[i]);
    putchar('\n');
}
```

程序运行时输入：9 7 5 3 1 0 2 4 6 8<CR>

输出：0 1 2 3 4 5 6 7 8 9

【例 6.6】 使用选择排序法对数组中的元素进行从小到大排序。

选择排序的原理是每一次从待排序的数据元素中选出最小（或最大）的一个元素，存放在序列的起始位置，直到全部待排序的数据元素排完。

```c
#include "stdio.h"
void main()
{
  int i,j,p,t,a[10];
  printf("input 10 numbers: ");
  for(i=0;i<10;i++)                    /*用 for 循环给数组输入 10 个数*/
      scanf("%d",&a[i]);
  for(i=0;i<9;i++)                     /*10 个数进行 9 次选择*/
  {
    p=i;                               /*使 p 指向排序范围的第一个元素*/
    for(j=i+1;j<10;j++)                /*求出最小元素的位置*/
        if(a[p]>a[j])   p=j;           /*把最小元素的下标赋给 p*/
    if(p!=i)                           /*条件成立说明 p 的值已经改变*/
    {t=a[i]; a[i]=a[p]; a[p]=t; }      /*用最小元素与当前的第 i 个元素交换*/
  }
  for(i=0;i<10;i++)                    /*用 for 循环输出排序后的 10 个数组元素*/
      printf("%d ",a[i]);
  printf("\n");
}
```

程序运行时输入：9 7 5 3 1 0 2 4 6 8<CR>

输出：0 1 2 3 4 5 6 7 8 9

本例程序中用了三个并列的 for 循环语句，在第二个 for 语句中又嵌套了一个循环语句。第一个 for 语句用于输入 10 个元素的初值，第二个 for 语句用于排序，本程序的排序采用逐个比较的方法进行。在第 i 次循环时，把第一个元素的下标 i 赋予 p；然后进入内层循环，从 a[i+1] 起到最后一个元素止逐个与 a[i] 作比较，找到最小元素的下标；内循环结束后，p 即为最小元素的下标，若 p!=i 说明 p 的值已经改变，则需交换 a[i] 和 a[p] 的值，否则无需交换。此时 a[i] 之前的元素为已排序完毕的元素，转入下一次循环，对 i+1 以后各个元素排序，最后将排序后的结果输出。

6.2　二维数组

6.2.1　二维数组的定义和数组元素的引用

前面介绍的一维数组只有一个下标，而 C 语言还支持两个下标或多个下标的数组，称为二维数组或多维数组，数组的维数就是下标的个数。二维数组是最常见的多维数组，在逻辑上一般把二维数组看成是一个具有行和列的矩阵。本小节只介绍二维数组，多维数组可由二维数组类推而得到。

① 二维数组的定义与一维数组的定义相似，一般形式为：

类型标识符　数组名[整型常量表达式 1][整型常量表达式 2]

其中，整型常量表达式 1 表示第一维下标的长度，习惯上也叫行长度，它决定了第一维下标值（行标）的上限为整型常量表达式 1 减 1；整型常量表达式 2 表示第二维下标的长度，习惯上也叫列长度，它决定了第二维下标值（列标）的上限为整型常量表达式 2 减 1。

例如：

```
long a[4][3];
```

定义了一个四行三列的二维数组，数组名为 a，每个数组元素都为长整型，其下标变量的类型为整型。该二维数组有 4×3 共 12 个数组元素，即：

$$a[0][0],a[0][1],a[0][2]$$
$$a[1][0],a[1][1],a[1][2]$$
$$a[2][0],a[2][1],a[2][2]$$
$$a[3][0],a[3][1],a[3][2]$$

二维数组在概念上是二维的，其下标在行与列两个方向上变化，下标在数组中的位置处于一个矩阵之中，而不像一维数组只是一个向量。而实际上，存储器却是连续编址的，也就是说存储器单元是按一维线性排列的。在 C 语言中，二维数组按行方向存放在一维存储器中。即：先存放 a[0]行，再存放 a[1]行、a[2]行，最后存放 a[3]行。每行中有三个元素也是依次存放，如 a[0]行，先存放 a[0][0]，再存放 a[0][1]，a[0][2]。由于数组 a 说明为 long 类型，所以每个数组元素均为长整型，占用四个字节。如图 6.2 所示。

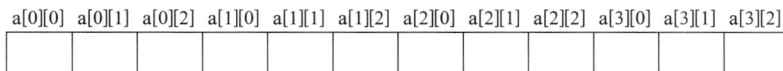

a[0][0]	a[0][1]	a[0][2]	a[1][0]	a[1][1]	a[1][2]	a[2][0]	a[2][1]	a[2][2]	a[3][0]	a[3][1]	a[3][2]

图 6.2　二维数组在内存中的存放规则

② 引用二维数组的元素需要分别指定行标和列标，引用形式为：

```
数组名[行下标][列下标]
```

其中，下标应为整型的常量、变量或表达式。

例如：

```
int  a[3][3];
```

表示 a 数组是三行三列的二维数组。

二维数组的引用方式与一维数组的引用方式基本相同，只是二维数组要有两个下标。下标变量和数组说明在形式中有些相似，但二者具有完全不同的含义。数组说明的方括号中给出的是某一维的长度，即可取下标的最大值；而数组元素中的下标是该元素在数组中的位置标识。前者只能是常量，后者可以是常量、变量或表达式。在引用时，行标和列标都不能越界，对于上面的例子，a[0][3]，a[3][0]，a[3][3]三者都不是该数组的元素。

【例 6.7】 定义一个二维整型数组，给各数组元素输入值，然后将所有数组元素输出。

```
#include <stdio.h>
void main()
{
  int i,j,a[4][3];
  for(i=0;i<4;i++)
      for(j=0;j<3;j++)
          scanf("%d",&a[i][j]);
   for(i=0;i<4;i++)
       {for(j=0;j<3;j++)
```

```
            printf("%-3d ", a[i][j]);
        printf("\n");}
}
```

程序运行时输入：

1 2 3 4 5 6 7 8 9 10 11 12<CR>

输出：

```
1  2  3
4  5  6
7  8  9
10 11 12
```

6.2.2　二维数组的初始化方法

与一维数组类似，二维数组也可以在定义的同时对其进行初始化，即在定义时给各数组元素赋以初值。初始化一般形式为：

类型标识符　数组名[整型常量表达式1][整型常量表达式1]={初值表}；

下面介绍二维数组的几种初始化情形。

① 完全初始化：定义二维数组的同时对所有的数组元素赋初值。

```
int arr[3][3]={1,2,3,4,5,6,7,8,9};
int arr[3][3]={{1,2,3},{4,5,6},{7,8,9}};
```

第一种形式：给出的初值按照数组元素在内存中的存放顺序依次赋值，即 arr[0][0]=1，arr[0][1]=2，arr[0][2]=3，arr[1][0]=4，arr[1][1]=5，arr[1][2]=6，arr[2][0]=7，arr[2][1]=8，arr[2][2]=9。第二种形式：在初始化时每一行的初值使用大括号括起来。对于以上两种形式，结果是完全相同的。

② 部分初始化：定义数组的同时只对部分数组元素赋初值。

```
int arr[4][4]={{1,2,3},{4},{5,6,7,8},{9}};
int arr[4][4]={{1,2,3,4},{5,6,7},{8,9}};
int arr[4][4]={{1,2,3},{},{4,5,6},{7,8,9}};
int arr[4][4]={1,2,3,4,5,6,7,8,9};
```

前三种形式是一样的，每行的元素使用大括号括起来，但是一些行上的元素并没有完全给出，没给出具体值的数组元素自动补 0，因此对于第一种形式：arr[1][0]=4，arr[1][1]=0，arr[1][2]=0，arr[1][3]=0。对于第四种情况，由于初值没有使用大括号括起来，因此按照数组元素在内存中的存放顺序依次赋值，即 arr[0][0]=1，arr[0][1]=2，arr[0][2]=3，arr[0][3]=4，arr[1][0]=5，arr[1][1]=6，arr[1][2]=7，arr[1][3]=8，arr[2][0]=9，其余元素全部自动补 0。

③ 省略数组长度的初始化：对于一维数组可以通过所赋值的个数来确定数组的长度，而对于二维数组来说，只可以省略第一维的方括号的常量表达式，第二维的方括号的常量表达式绝不可以省略。

```
int arr[][4]={{1,2,3},{4},{5,6,7,8},{9}};
int arr[][4]={1,2,3,4,5,6,7,8};
int arr[][4]={1,2,3,4,5};
```

对于第一种情况，每一行初值由一个大括号括起来，行下标的长度由大括号的对数来确定，因此，第一种情况等价于：

```
int arr[4][4]={{1,2,3},{4},{5,6,7,8},{9}};
```

　　对于第二种、第三种情况，使用公式——初值个数/列标长度数值，能整除则商就是行下标长度数值，不能整除则商＋1 是行下标长度数值，因此第二种情况等价于：

```
int  arr[2][4]={1,2,3,4,5,6,7,8};
```

　　第三种情况等价于：

```
int arr[2][4]={1,2,3,4,5};
```

　　数组是一种构造类型的数据。二维数组可以看作是由一维数组的嵌套而构成的。一维数组的每个元素又是一个一维数组，就组成了二维数组。当然，前提是各元素类型必须相同。根据这样的分析，一个二维数组也可以分解为多个一维数组。C 语言允许这种分解。

　　如二维数组 a[3][4]，可分解为三个一维数组，其数组名分别为：

```
a[0]
a[1]
a[2]
```

　　对这三个一维数组不需另做说明即可使用。这三个一维数组都有 4 个元素，例如：一维数组 a[0]的元素为 a[0][0],a[0][1],a[0][2],a[0][3]。

　　必须强调的是，a[0]、a[1]、a[2]不能当作下标变量使用，它们是一维数组名，是一个地址常量，不是一个单纯的下标变量，其中，a[0]和&a[0][0]等价，a[1]和&a[1][0]等价，a[2]和&a[2][0]等价。

6.2.3　二维数组程序举例

【例 6.8】　编程实现求矩阵（4 行 4 列）的主对角线之和和次对角线之和。

```
#include <stdio.h>
void main()
{
  int i,j,t,arr[4][4],sum1=0,sum2=0;
  for(i=0;i<4;i++)                /*使用二重循环给二维数组输入值*/
     for(j=0;j<4;j++)
        scanf("%d",&arr[i][j]);
  for(i=0;i<4;i++)
     for(j=0;j<4;j++)
     {if(i==j)                    /*求二维数组主对角线之和*/
         sum1+=arr[i][j];
     if(i+j==3)                   /*求二维数组次对角线之和*/
         sum2+=arr[i][j];
     }
printf("sum1=%d,sum2=%d\n",sum1,sum2);
}
```

　　程序运行时输入：

```
    1    2    3    4<CR>
    5    6    7    8<CR>
    9   10   11   12<CR>
   13   14   15   16<CR>
```

　　输出：sum1=34,sum2=34

　　本例程序中用了两个并列的 for 循环嵌套语句。第一组 for 语句用于输入 16 个元素的初值。第二组 for 语句用于求主对角线和次对角线元素之和。主对角线元素的特征：行标与列标相同。次对角线元素的特征：行标+列标等于 3。根据上述特征来解决问题。第二组 for 语句是解决本题的关键，读者注意领会。

【例 6.9】 编程实现矩阵（4 行 4 列）的上三角数据保留，下三角数据置 0。

例如：数组中的值为：

```
1   2   3   4
5   6   7   8
9   10  11  12
13  14  15  16
```

则上三角矩阵为：

```
1   2   3   4
0   6   7   8
0   0   11  12
0   0   0   16
```

```c
#include "stdio.h"
main()
{
  int a[4][4],i,j;
  for(i=0;i<4;i++)              /*使用二重循环给二维数组输入值*/
        for(j=0;j<4;j++)
            scanf("%d",&a[i][j]);
  for(i=0;i<4;i++)              /*使用二重循环遍历每一个数组元素*/
        for(j=0;j<4;j++)
            if(i>j)            /*行标大、列标小的数组元素设置为 0 */
                a[i][j]=0;
  for(i=0;i<4;i++)             /*使用二重循环输出二维数组各元素值*/
  {
    for(j=0;j<4;j++)
        printf("%4d",a[i][j]);
    putchar('\n');
  }
}
```

思考：下三角矩阵如何实现?

【例 6.10】 编程实现矩阵（4 行 4 列）的边界元素设为 0。

```c
#include "stdio.h"//边界设置为 0
main()
{
  int a[4][4],i,j;
  for(i=0;i<4;i++)              /*使用二重循环给二维数组输入值*/
      for(j=0;j<4;j++)
          scanf("%d",&a[i][j]);
  for(i=0;i<4;i++)              /*使用二重循环遍历每一个数组元素*/
      for(j=0;j<4;j++)
          if(i==0||i==3||j==0||j==3)   /*边界条件*/
                a[i][j]=0;
```

```
    for(i=0;i<4;i++)    /*使用二重循环输出二维数组各元素值*/
    {
      for(j=0;j<4;j++)
          printf("%4d",a[i][j]);
      putchar('\n');
    }
}
```

程序运行时输入：

```
1   2   3   4<CR>
5   6   7   8<CR>
9   10  11  12<CR>
13  14  15  16<CR>
```

输出：

```
0   0   0   0
0   6   7   0
0   10  11  0
0   0   0   0
```

【例 6.11】 编程实现矩阵（4 行 4 列）的转置（即行列元素互换）。

```
#include <stdio.h>
void main()
{
  int i,j,t,arr[4][4];
  for(i=0;i<4;i++)                  /*使用二重循环给二维数组输入值*/
      for(j=0;j<4;j++)
          scanf("%d",&arr[i][j]);
  for(i=0;i<4;i++)                        /*对二维数组转置*/
      for(j=0;j<4;j++)
            if(i>j)
          {t=arr[i][j];  arr[i][j]=arr[j][i];  arr[j][i]=t; }
  for(i=0;i<4;i++)                  /*使用二重循环输出二维数组各元素值*/
  {
    for(j=0;j<4;j++)
    printf("%-4d",arr[i][j]);
    printf("\n");
  }
}
```

程序运行时输入：

```
1   2   3   4<CR>
5   6   7   8<CR>
9   10  11  12<CR>
13  14  15  16<CR>
```

输出：

```
1   5   9   13
2   6   10  14
3   7   11  15
4   8   12  16
```

本例程序中用了三个并列的 for 嵌套循环语句。第一个 for 语句用于输入 16 个元素的初值。第二个 for 语句用于矩阵的转置，应注意该语句内层循环条件，使用对角线以上的元素或以下的元素与相对应的元素交换。最后再使用一个循环将结果输出。从该题可以看出解决二维数组问题经常使用二重循环。

【例 6.12】 将二维数组 a[][4]={{3,16,87,65},{4,32,11,108},{10,25,12,27}}的数组元素以列的方向存入一维数组 b 中。

```
#include "stdio.h"
void main()
{
    int a[][4]={3,16,87,65,4,32,11,108,10,25,12,27};
    int b[12],i,j,k=0;
for(j=0;j<4;j++)
    for(i=0;i<3;i++)
     b[k++]= a[i][j];  /*以列为方向，把每列二维数组元素赋值给数组 b 后，下标 k 值自加 1，变为
下一数组元素的下标*/
    for(i=0;i<12;i++)
     printf("%d ",b[i]);
    printf("\n");
}
```

程序运行时输出：
3 4 10 16 32 25 87 11 12 65 108 27
程序中外循环控制逐列处理，把每列的元素赋予 b 数组。

【例 6.13】 在二维数组 a[][4]={3,16,87,65,4,32,11,108,10,25,12,27}中选出各列最大的元素组成一个一维数组 b。

```
#include "stdio.h"
void main()
{
    int a[][4]={3,16,87,65,4,32,11,108,10,25,12,27};
    int b[4],i,j,max;
for(j=0;j<4;j++)
    {max=a[0][j];
     for(i=0;i<3;i++)
         if(max<a[i][j])     max=a[i][j];  /*求出每列最大值*/
     b[j]=max;                    /*把每列最大值赋值给数组 b[j]*/
    }
     for(i=0;i<4;i++)
        printf("%2d ",b[i]);
     printf("\n");
}
```

程序运行时输出：
10 32 87 108
程序中外循环控制逐列处理，并把每列的第 0 行元素赋予变量 max。进入内循环后，把 max 与后面该列上各行元素比较，并把比 max 大者赋予 max。内循环结束时 max 即为该列最大的元素，然后把 max 值赋予 b[j]。等外循环全部完成时，数组 b 中已装入了 a 各列中的最大值。

6.3　字符数组和字符串

6.3.1　字符数组

字符数组是指用于存放字符型数据的数组。字符数组的定义、引用和初始化与前面介绍的数组相关知识相同。

（1）字符数组的定义

当用 char 作类型标识符定义数组时就是字符数组的定义方法。

例如：

```
char str1[50], str2[3][30];
```

定义了一个数组名为 str1、长度为 50 的一维字符数组和一个数组名为 str2、含有 3×30 个数组元素的二维字符数组。

（2）字符数组的初始化

与前面介绍的数组初始化方法类似，分为以下几种情形。

① 完全初始化：

```
char str[5]={'h','e','l','l','o'};
```

即 str[0]='h',str[1]='e', str[2]='l',str[3]='l',str[4]='o'。

② 部分初始化：

```
char stu[10]={'s','t','u','d','e','n','t'};
```

其等价于完全初始化 "char stu[10]={'s','t','u','d','e','n','t','\0','\0','\0'}"，即字符数组的部分初始化对于后面没有给出具体初值的数组元素自动补'\0'。由于字符型和整型通用，因此自动补'\0'与 0 是等价的。

③ 省略数组长度的初始化：

```
char name[]={'M','a','r','y'};
```

（3）字符数组元素的引用形式

字符数组元素的引用形式为：

数组名[下标]

例如 char a[5],可以使用数组元素 a[0],a[i],a[i+j]，其中，下标 i，i+j 取值范围大于等于 0 并且小于等于 4。

6.3.2　字符串

前面介绍字符串常量时，已说明字符串总是以'\0'作为串的结束符。在 C 语言中没有字符串数据类型，因此无法定义字符串变量。通常用一个字符数组来存放一个字符串常量。在实际应用中，字符数组足够大的前提下，读者往往关心的是字符串的长度，而不是存放字符串的字符数组的长度。由于 C 语言引入了'\0'作为字符串结束标志，读者在进行字符串操作时就不必在字符数组的长度上花费过多的时间。

值得说明的是：'\0'是一个转义字符，其 ASCII 值为 0，该字符是空操作符，表示什么也不做,计算字符串的实际长度时不包括'\0'，但要占用存储空间。例如字符串常量"hello"，字符串长度为 5，但要占用 6 个内存字节，存储如图 6.3 所示。

'h'	'e'	'l'	'l'	'o'	'\0'

图 6.3　字符串在内存中的存放

换句话说，如果要存储字符串常量"hello"，字符数组的长度至少为 6。

字符数组和字符串的区别在于：字符数组的每个数组元素可存放一个字符，最后的那个字符可以是任意的字符，没有要求，而对于字符串来说，在字符数组中存放该字符串的最后一个字符是字符串结束标志符'\0'。

综上所述：字符串一定是字符数组，字符数组不一定是字符串，字符串是含有'\0'的字符数组。

对于字符串的赋值，可以使用一般数组赋初值的方法给字符数组赋字符串，也可以在赋初值时直接赋字符串常量。

（1）使用一般数组赋初值的方法给字符数组赋字符串

例如：

```
char str[6]={'h','e','l','l','o','\0'};
```

该定义说明了字符数组有 6 个元素，str[0]='h', str[1]='e', str[2]='l', str[3]='l', str[4]='o',str[5]='\0'，但作为字符串有 5 个有效字符，因此字符串 str 的长度为 5。实际上，数组最后一个字符'\0'可以省略，系统会自动补'\0'。即：

```
char str[6]={ 'h','e','l','l','o'};
```

应注意：如果省略了数组长度，则一定要列出字符'\0',即：

```
char str[]={'h','e','l','l','o','\0'};
```

其数组长度为 6，如果没有列出'\0'，则此定义只是定义了一个字符数组，其数组长度为 5，即下面的数组定义后的数组长度是 5，而不是 6。

```
char str[]={'h','e','l','l','o'};
```

（2）直接用字符串常量给字符数组赋初值

例如：

```
char str[6]={"hello"};
```

其中，花括号可以省略，即：

```
char str[6]="hello";
```

数组长度也可以省略，即：

```
char str[ ]="hello";
```

以上三者完全等价，对于字符串结束标志'\0'，系统自动在最后一个字符'o'后加上字符串结束标志'\0'。在定义时应注意：数组长度必须足够大能存放下字符串中的每个字符以及'\0'。下面的定义是错误的：

```
char str[5]="hello";
```

虽然也有可能得到正确结果，但实际上是错误的，是不安全的。为了避免上述情况，在定义时可以将数组长度设为较大的值，但是容易造成存储空间的浪费。最佳方法是采用省略数组长度的初始化方法，如下：

```
char str[]="hello";
```

此时字符串的有效字符个数加 1 等于 6，系统将自动认为数组的长度为 6。

6.3.3　字符串的输入输出

使用 scanf 函数和 printf 函数输入输出一个字符数组中的字符串有两种方法。一是使用循环语句逐个地输入输出每个字符，输入的最后人为加上'\0'从而构成字符串，输出时'\0'作为输出结束标志。二是对字符串整体输入输出，使用格式控制符%s。输入时，输入项可以是字符数组名（或指向字符串的指针变量），把输入的各字符逐个放入已经开辟的字符数组（或指针变量值为起始地址）的连续存储空间中。输出时，输出项可以是字符串常量、字符数组名或指向字符串的指针变量，从输出项地址开始逐个输出各字符，遇到'\0'截止。

此外，可以使用 C 函数库提供的函数 gets 和 puts 输入输出字符串，下面分别阐述它们的用法。

（1）使用 scanf 函数整体输入字符串

函数调用形式为：

```
scanf("%s",字符数组名或指针变量);
```

在输入时，输入的一串字符依次存入以字符数组名或指针变量为起始地址的存储单元中，并自动补'\0'。应注意：使用 scanf 函数输入字符串时，回车键和空格键均作为分隔符而不能被输入，就是说不能用 scanf 函数输入带空格的字符串，而且输入字符串的长度应小于字符数组的长度或小于指针所指的连续存储空间的长度（关于指针的说明请见 6.4 节）。

例如，有如下程序段：

```
char str[10],*p1=str,*p2=&str[3];
scanf("%s",str);scanf("%s",p1); scanf("%s",p2);
```

以上三条输入语句都是正确的，应注意 str 是数组名，它代表常量地址，p1、p2 是已经有确定地址值的指针变量，如果没有确定地址值，就不能使用第二、三条语句，否则将出现无法预料的不良后果，又由于 str、p1、p2 已经代表地址，因此不需再加取地址运算符"&"了。

执行时，输入"How are you?"执行"scanf("%s",str);"后数组内容如下：

'H'	'o'	'w'	'\0'						

又执行"scanf("%s",p1);"后数组内容如下：

'a'	'r'	'e'	'\0'						

最后执行"scanf("%s",p2);"后数组内容如下：

'a'	'r'	'e'	'y'	'o'	'u'	'?'	'\0'		

分析：由于 scanf 函数不能输入带空格的字符串，因此 C 语言编译系统会把上述字符串看成是三个字符串，又因为第一、二个 scanf 函数的参数 str 和 p1 代表的都是字符数组 str 的起始地址，所以当执行第二个 scanf 函数时输入的字符串"are"将把第一个字符串覆盖，而 p2 代表的是数组元素 str[3]的地址，于是执行第三个 scanf 函数之后，字符数组的内容就变成了上面图示的情况。

（2）使用 printf 函数整体输出字符串

函数调用形式为：

```
printf("%s", 地址);
```

输出项为准备输出的字符串的首地址，功能是从所给地址开始，依次输出各字符直到遇到第一个'\0'，当有多个'\0'时，以第一个为准，输出结束后不自动换行。例如：

```
char str[]="man";printf("%s",str);
```

输出结果为 "man"。

又如：

```
char str[]="man\0women";printf("%s",str);
```

输出结果仍为 "man"。

（3）使用 gets 函数整体输入字符串

函数调用形式为：

```
gets(地址);
```

该地址可以是字符数组名或指针变量名，进行输入时，仅以回车键作为结束符且不被输入，因而这个函数可以输入带空格的字符串。

例如：

```
char str[20];gets(str);
```

执行时输入 "How are you?"，则字符数组 str 的内容如下：

'H'	'o'	'w'	' '	'a'	'r'	'e'	' '	'y'	'o'	'u'	'?'	'\0'	…	

（4）使用 puts 函数整体输出字符串

使用 puts 函数输出字符串，函数调用形式为：

```
puts(地址);
```

该地址可以是字符数组名或指针变量名，功能是从所给地址开始，依次输出各字符，遇到第一个'\0'结束，并把'\0'转换为'\n'，即输出结束后自动换行。例如：

```
char str[]="How are you?"; puts(str); puts(str);
```

输出结果为：

```
How are you?
How are you?
```

6.3.4　字符串处理函数

由于字符串应用广泛，为方便用户对字符串的处理，C 语言库函数中除了前面用到的库函数 gets()与 puts()之外，还提供了另外一些丰富的字符串处理函数，包括字符串的合并、修改、比较、转换、复制等。使用这些函数可大大减轻编程的负担。其函数原型说明在 string.h 中，在使用前应包含头文件 "string.h"。

下面介绍一些常用的字符串处理函数，这里只介绍这些函数的使用方法，原型说明参见附录。

（1）字符串连接函数 strcat

调用格式：

```
strcat (字符串 1,字符串 2)
```

功能：把字符串 2 连接到字符串 1 的后面，并覆盖字符串 1 的字符串结束标志'\0'。本函数返回值是字符串变量对应的字符数组的起始地址，即字符数组 1 的首地址。

说明：字符串 1 必须写成数组名或指针变量形式，并且要求指针变量指向确切的内存空间，而字符串 2 可以是字符串常量，亦可以是已经存有字符串的字符数组名或已经指向存有字符串的内存空间的指针变量。

【例 6.14】 字符串连接函数 strcat 的使用。

```
#include"stdio.h"
#include"string.h"
void main()
{
  char str1[30]="My name is ", str2[10]="John.";
puts(str1);
puts(str2);
  strcat(str1,str2);
puts(str1);
puts(str2);
}
```

程序运行时输出：

```
My name is
John.
My name is John.
John.
```

本程序把初始化赋值的两个字符串连接起来。注意：字符数组 1 应定义足够的长度，否则全部装入被连接的字符串时产生越界，可能产生不可预知的后果。

（2）字符串拷贝函数 strcpy

调用格式：

```
strcpy (字符串 1,字符串 2)
```

功能：把字符串 2 拷贝到字符串 1 中。字符串结束标志'\0'也一同拷贝。

说明：字符串 1 可以是一个字符数组或指向确定地址空间的指针变量，字符串 2 可以是一个字符数组或指向确定地址空间的指针变量，也可以是字符串常量。函数返回值为字符串 1 的首地址。注意：存放字符串 1 的字符数组必须足够大，能存放下字符串 2，包括字符串结束标志'\0'。

【例 6.15】 字符串拷贝函数 strcpy。

```
#include"stdio.h"
#include"string.h"
void main()
{
  char str1[30]="My name is ", str2[10]="John.";
puts(str1);
puts(str2);
  strcpy(str1,str2);
puts(str1);
puts(str2);
}
```

程序运行时输出：

```
My name is
John.
John.
John.
```

（3）字符串比较函数 strcmp

调用格式：

```
strcmp(字符串 1,字符串 2)
```

功能：比较字符串 1 和字符串 2 的大小，字符串的比较规则是按照顺序依次比较两个数组中的对应位置字符的 ASCII 码值，由函数返回比较结果。

① 字符串 1=字符串 2，返回值=0；

② 字符串 1>字符串 2，返回值>0；

③ 字符串 1<字符串 2，返回值<0。

说明：字符串 1 和字符串 2 均可以是字符串常量，也可以是一个字符数组或指向确定地址空间的指针变量。

【例 6.16】 字符串比较函数 strcmp 的使用。

```
#include"stdio.h"
#include"string.h"
void main()
{
   char str1[15],str2[]="hello";
   printf("input a string:");
   gets(str1);
   puts("the string is: ");
   puts(str1);
   if(strcmp(str1,str2)>0)
      printf("str1>str2\n");
   else if(strcmp(str1,str2)==0)
          printf("str1=str2\n");
          else printf("str1<str2\n");
}
```

程序运行时输出：

```
input a string:hi
the string is: hi
str1>str2
```

本程序中把输入的字符串和数组 str2 中的字符串比较，根据比较结果，输出相应提示信息。当输入为 hi 时，字符串 1 的第一个字符'h'与字符串 2 第一个字符'h'相等，再用字符串 1 的第二个字符'i'与字符串 2 第二个字符'e'比较，由于'i'的 ASCII 码值大于'e'的 ASCII 码值，故字符串 1 大，输出结果"str1>str2"。

（4）求字符串长度函数 strlen

调用格式：

```
strlen(字符串)
```

功能：求字符串的实际长度(不含字符串结束标志'\0') 并作为函数返回值。

说明：字符串可以是字符数组、指向字符串的指针变量或字符串常量。

【**例 6.17**】　字符串长度函数 strlen 的使用。

```
#include"stdio.h"
#include"string.h"
void main()
{
  char str1[]="welcome",str2[10]="to",str3[20]="hi Beijing!",*p1=str1,
  *p2=&str3[3];
  printf("The lenth of const string is %d\n",strlen("welcome"));
  printf("The lenth of str1 is %d\n",strlen(str1));
  printf("The lenth of str1 is %d\n",strlen(p1));
  printf("The lenth of str2 is %d\n",strlen(str2));
  printf("The lenth of str3 is %d\n",strlen(str3));
  printf("The lenth of str3 is %d\n",strlen(p2));
}
```

程序运行时输出结果如下：

```
The lenth of const string is 7
The lenth of str1 is 7
The lenth of str1 is 7
The lenth of str2 is 2
The lenth of str3 is 11
The lenth of str3 is 8
```

注意：当用指针变量作 strlen 函数参数时，求得的字符串长度是指针变量当前指向的字符到'\0'之前的所有字符个数。

6.3.5　程序举例

【**例 6.18**】　输入一个长度小于 100 的字符串，统计该字符串中大写字母、小写字母、数字字符及其他字符的数量。

```
#include"stdio.h"
void main()
{
char str[100];                    /*定义字符数组 str 来存放字符串*/
int  i,big=0,small=0,num=0,other=0;
  printf("please input string: ");
  gets(str);
  for(i=0;str[i];i++)             /*统计字符串 str 中各类字符的个数*/
    if(str[i]>='A'&&str[i]<='Z')        /*统计大写字母个数*/
          big++;
    else if(str[i]>='a'&&str[i]<='z')      /*统计小写字母个数*/
              small++;
          else if(str[i]>='0'&&str[i]<='9')  /*统计数字字符个数*/
                    num++;
              else other++;              /*其他字符个数*/
  printf("big=%d,small=%d,num=%d,other=%d\n",big,small,num,other);
}
```

程序运行时输入：`Atcv249CmkE1#tG*H<CR>`

输出：`big=5,small=6,num=4,other=2`

本程序首先使用 gets 函数对数组 str 输入长度小于 100 的字符串。然后使用循环查看每一个字符是否满足大写字母条件、小写字母条件、数字字符条件，若都不满足则属于其他字符。循环结束条件使用 str[i]（也可以使用 str[i]!='\0'，因为二者等价），而不是使用字符数组长度。最后输出统计结果。

【例 6.19】 输入一个长度小于 100 的字符串，删除该字符串中所有的字符'*'。

```c
#include"stdio.h"
void main()
{
  char str[100],i,k=0;           /*定义字符数组 str 来存放字符串*/
  printf("please input string: ");
  gets(str);
  for(i=0;str[i];i++)            /*使用循环查看字符串的每个字符*/
    if(str[i]!='*')             /*如果不是字符'*'则放回去，否则丢弃*/
      str[k++]=str[i];
  str[k]='\0';                  /*最后给新字符串加字符串结束标记*/
  printf("new string is %s\n",str);
}
```

程序运行时输入：`A***cv249**CmkE1#t***G*H********<CR>`

输出：`Acv249CmkE1#tGH`

本程序首先使用 gets 函数对数组 str 输入长度小于 100 的字符串。然后使用循环查看每一个字符是否为字符'*'，是则丢弃，不是则保留。循环结束后，新字符串中没有字符串结束标记'\0'，因此要人为加上'\0'，最后输出统计结果。

【例 6.20】 输入一个长度小于 100 的字符串，将字符串中下标为奇数位置上的字母转换为大写字母。

```c
#include"stdio.h"
void main()
{
  char str[100],i,k=0;        /*定义字符数组 str 来存放字符串*/
  printf("please input string: ");
  gets(str);
  for(i=0;str[i];i++)         /*使用循环查看字符串的每个字符*/
    if(i%2==1&&str[i]>='a'&&str[i]<='z')
      str[i]-=32;             /*如果下标为奇数则把该字母转化为相应的大写字母*/
  printf("new string is %s\n",str);
}
```

程序运行时输入：`abcdefghijkl<CR>`

输出：`aBcDeFgHiJkL`

本程序首先使用 gets 函数对数组 str 输入长度小于 100 的字符串。然后使用循环查看每一个字符，如果下标为奇数则把该字母转化为对应的大写字母，最后输出结果。关系表达式 i%2==1 还可用算术表达式 i%2 或关系表达式 i%2!=0 代替。

【例 6.21】 输入一个无符号的长整型数，将该数转换为倒序的字符串。

例如：无符号长整型数 123456 转换为字符串"654321"。

```
#include <stdio.h>
void main()
{
  char  str[20];
  unsigned long num,k=0;
  printf("input a num: ");
  scanf("%lu",&num);
  while(num)                  /*判断 num 是否等于 0*/
  { str[k++]=num%10+'0';  /*将 num 当前个位上的数字提取出来并变成数字字符放入字符串中*/
    num/=10;                  /*使 num 缩小 10 倍*/
  }
  str[k]='\0';
  printf("The result is: %s\n",str);
}
```

程序运行时输入：`1234567<CR>`

输出：`The result is: 7654321`

本程序首先输入一个无符号的长整型数，使用算术运算符"%"和"/"提取各位上的数字并把数字变成相应的数字字符放入字符数组中，人为加\0使字符数组中的字符变成字符串，最后利用格式符%s输出字符串。

6.4 指针型变量及其在数组中的应用

6.4.1 变量的地址和指针型变量的概念

（1）变量的地址

在程序中，一个变量实质上代表了内存中的某个存储单元，存储单元的大小由变量的类型决定，若在程序中定义了一个变量，C 编译系统就会根据定义的变量类型，为其分配一定字节数的内存空间（在 VC++中，short int 型数据占 2 字节，int 型数据和 float 型数据占 4 字节，double 型数据占 8 字节，char 型数据占 1 字节，指针变量占 4 字节），此后这个变量的地址也就确定了。

例如：

```
short a;
float b;
char c;
```

这时系统为变量 a 分配 2 个字节的连续存储单元，为变量 b 分配 4 个字节的连续存储单元，为变量 c 分配 1 个字节的存储单元。如图 6.4 所示，图中的数字只是示意的字节地址。每个变量的地址就是该变量所占存储单元的第一个字节的地址。在这里我们假定变量 a 的地址为 2019H，变量 b 的地址为 1128H，变量 c 的地址为 5050H。

一般情况下，我们在程序中只需指出变量名，无须知道每个变量在内存中的具体地址，每个变量与具体地址的联系由 C 编译系统来管理。程序中对变量进行存取操作，实际上就是对该变量所在的存储单元进行操作，这种直接按变量的地址存取变量值的方式称为直接存取方式。

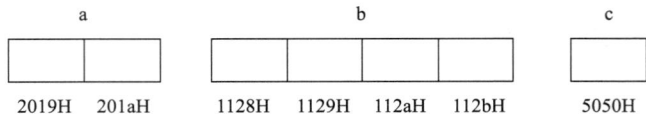

图 6.4　变量在内存中所占字节的地址示意图

（2）指针型变量

在 C 语言中，还可以定义一种特殊的变量，这种变量只是用来存放内存地址的。如图 6.5 所示，假设有一个变量 p，它也有自己的地址（假设为 2001H）。若将变量 a 的地址（假设为 5050H）存放到变量 p 中，也就是说变量 p 的值就是 5050H，这时要访问变量 a 代表的存储单元，可以先找到变量 p 的地址（2001H），从中取出变量 a 的地址（5050H），然后再去访问以 5050H 为首地址的存储单元。这种通过变量 p 间接得到变量 a 的地址，然后再存取变量 a 的值的方式称为间接存取方式。这种用来存放地址的变量称为指针变量，上述变量 p 就是指针变量。

以后我们会经常提到指针指向某个变量，其含义就是指针变量的值是某个变量的地址。图 6.5 中，我们可以说指针 p 指向了变量 a。

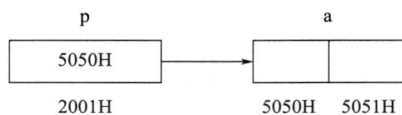

图 6.5　存放地址的指针变量示意图

6.4.2　指针型变量的定义和指针变量的基类型

定义指针变量的一般形式如下：

```
类型名　*指针变量名 1, *指针变量名 2, …;
```

例如：

```
int  *p, *q;
```

以上定义语句中，p 和 q 都是用户标识符。在每个变量前的星号"*"是一个说明符，用来说明变量 p 和 q 是指针变量，如果省略了星号"*"，那么变量 p 和 q 就变成整型变量了。p 和 q 前面的 int 用来说明指针变量 p 和 q 指向的存储单元中只能存放 int 型数据，这时我们称 int 是指针变量 p 和 q 的基类型，或者我们可以通俗地称 p 和 q 是两个整型指针，而且 p 和 q 属于一级指针（即指针变量 p 和 q 存放的是不同变量的地址）。

6.4.3　给指针变量赋值

一个指针变量可以通过不同的方式获得一个确定的地址值，从而指向一个具体的对象，只有已经指向确定对象的指针变量才可以正常使用。

（1）通过求地址运算符（&）给指针变量赋值

单目运算符"&"用来求对象的地址，其结合性为从右到左。例如有如下定义：

```
int a=3,*p;
```

则可通过赋值语句"p=&a;"给指针变量 p 赋值；也可以把上面的两句写成以下形式：

```
int a=3,*p=&a;        /*给指针变量赋初值*/
```

注意：不能写成"int *p=&a,a;"，要先有变量才能对变量的地址进行操作。

通过上面的两种方式就把变量 a 的地址赋给了指针变量 p，此时称指针变量 p 指向了变量 a，如图 6.6 所示。

注意以下几个方面：

① 求地址运算符"&"的作用对象只能是变量或数组，而不能是常量或表达式。

例如：

```
int *p,a;
p=&(a+1);      /*该赋值语句是错误的*/
```

图 6.6　指针变量 p 和变量 a 的指向关系示意图

② 求地址运算符"&"的运算对象的类型必须与指针变量的基类型相同。

例如：

```
int *p,a;
float b;
p=&b;         /*该赋值语句是错误的*/
```

因为指针变量 p 的基类型是 int 型，而求地址运算符"&"作用的对象 b 的类型是 float 型，因此该语句是错误的。

（2）通过指针变量获得地址值

可以通过赋值运算，把一个指针变量中的地址值赋给另一个同类型的指针变量，从而使两个指针变量指向同一地址。

例如：

```
int a=3,*p=&a,*q;
q=p;
```

通过赋值运算 q=p，使得指针变量 p 和 q 同时指向了变量 a（见图 6.7）。注意：p 和 q 的基类型必须一致。

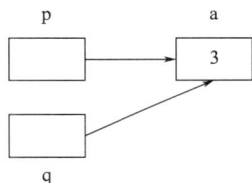

图 6.7　指针变量 p 和 q 与变量 a 的关系示意图

（3）给指针变量赋空值

不允许给一个指针变量直接赋一个整数值。

例如：

```
int *p;
p=2009;        /*该赋值语句是错误的*/
```

但是可以给一个指针变量赋空值。

例如：

```
int *p;
p=NULL;        /*该赋值语句是合法的*/
```

NULL 是在 stdio.h 头文件中的预定义符，它的代码值为 0，因此在使用 NULL 时，应在程序的前面出现预定义行——#include"stdio.h"或#include<stdio.h>。当执行了上述赋值语句 p=NULL 后，称 p 为空指针。以上赋值语句等价于：

```
p='\0';  或  p=0;
```

空指针的含义是：指针 p 并不是指向地址为 0 的存储单元，而是不指向任何存储单元。企图通过一个空指针去访问一个存储单元时，将会得到一个出错信息。

6.4.4　对指针变量的操作

通过上面的学习，我们已经了解关于指针变量的含义了，那么对于任何的存储单元就有两种形式来存取单元的数据了，一种是直接存取，另一种是间接存取。

所谓直接存取就是按变量的地址存取变量值的方式。通俗地说就是直接使用变量名来对该变量对应的存储单元进行存取操作。

所谓间接存取就是通过指针变量 p 间接得到变量 a 的地址，然后再存取变量 a 的值的方式。

C 语言提供了一个称作间接访问运算符的单目运算符"*"。"*"出现在程序中的不同位置，含义是不同的：

例如：

```
int a=3,*p,b;        /*这里的"*"是个说明符，用来说明变量p是个指针变量*/
p=&a;                /*通过取地址运算符&使指针变量p指向变量a，即先赋值*/
b=*p;                /*这里的"*"是代表取数据，即把p指向的存储单元中的数据3读出来赋给变量b，
                       等价于b=a*/
*p=5;                /*这里的"*"是代表存数据，即把一个整数5存到指针变量p所指向的单元（也就
                       是变量a），等价于a=5,此时a的值变为5*/
```

使用指针变量应注意以下几个方面：

① 对指针变量的使用必须是先使指针变量有固定的指向，然后才可以使用，即先赋值后使用。

例如：

```
int a,*p;
*p=5;                /*这种写法是错误的，因为此时指针变量p还没有固定指向，这样使用容易造成重要
                       数据的破坏*/
```

② 运算符&和*的优先级相同，结合性是从右到左。

例如：

```
int a=3,*p,**q;
p=&a;
q=&p;
```

（a）&*p 的含义是什么？由于&和*的优先级相同，按从右到左结合，等价于&(*p)，*先和 p 结合，*p 就是变量 a，再执行&运算，相当于&a，即取变量 a 的地址。因此&*p 等价于&a。

（b）*&a 的含义是什么？由于&和*的优先级相同，按从右到左结合,等价于*(&a)，&先和 a 结合，即&a，取变量 a 的地址，然后再进行*运算相当于变量 a 的值。因此*&a 等价于 a。

（c）q=&p 可以用图 6.8 来形象表示。

（d）*、++、--的优先级是相同的，结合性为从右到左。

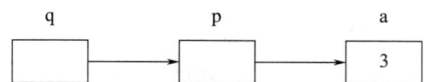

图 6.8 变量 q、p 和 a 的关系

例如：

```
(*p)++               /*等价于a++*/
*p++                 /*等价于*(p++)*/
++*p                 /*等价于++a*/
*++p                 /*等价于*(++p)*/
```

【例 6.22】 指针变量使用举例。

```
#include<stdio.h>
void main()
{ int a=9,*p;
```

```
    p=&a;
    *p=*p+1;                    /*等价于 a=a+1*/
    printf("%d    ",a);         /*对变量的直接存取*/
    printf("%d\n",*p);          /*对变量的间接存取*/
    printf("%d   ",++*p);       /*对变量的间接存取*/
    printf("%d\n",(*p)++);      /*对变量的间接存取*/
}
```

程序运行结果:
10   10
11   11

6.4.5　指针在一维数组中的使用

一个变量有一个地址,一个数组包含若干元素,每个数组元素都在内存中占用存储单元,都有相应的地址,这些数组元素占用连续的内存单元。数组名就是这块连续内存单元的起始地址,而且在程序运行过程中该地址是不可以改变的,是一个地址常量。根据指针的概念,指向数组的指针变量存放该数组的起始地址,指向数组元素的指针变量存放数组元素的地址。

定义一个指向数组元素的指针变量或指向数组的指针变量的方法,与前面介绍的指针变量的定义方法相同。

例如:

```
int a[10];          /*定义 a 为包含 10 个整型数据的数组*/
int *p;             /*定义 p 为指向整型变量的指针变量*/
```

应当注意,因为数组为 int 型,所以指针变量的基类型也应为 int 型。下面对指针变量赋值:

```
p=&a[i];
```

i 的取值范围为 0 到 9。当 i=0 时,把 a[0]元素的地址赋给指针变量 p。p 就指向 a 数组的第 0 个元素,把 a[i]的地址赋给指针变量 p,p 就指向 a 数组的第 i 个元素。如图 6.9 所示。

C 语言规定,数组名代表数组的首地址,即下标为 0 的数组元素的地址。因此,下面两个语句等价:

```
p=&a[0];
p=a;
```

在定义指针变量的同时可以赋初值:

```
int a[5],*p=&a[3];
```

它等效于:

```
int a[5],*p;
p=&a[3];
```

当然,定义时也可以写成:

```
int a[5],*p=a;
```

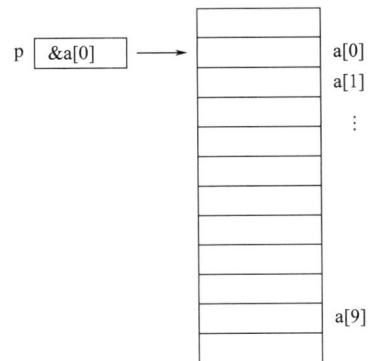

图 6.9　指向一维数组的指针变量

从图 6.9 中我们可以看出有以下关系:

p,a,&a[0]均代表同一存储单元的地址,它们是数组 a 的首地址,也是下标为 0 的数组元素的地址。应注意的是:p 是变量,而 a,&a[0]都是常量。在编程时应予以区分。

（1）通过数组名引用数组元素

前面已经介绍数组元素的引用方式。有定义"int a[5];"，a[0]是其中一个元素，该元素的地址表示为&a[0]，也可以表示为 a 或 a+0，同理 a[1]的地址为&a[1]或 a+1，a[2]的地址为&a[2]或 a+2，a[3]的地址为&a[3]或 a+3，a[4]的地址为&a[4]或 a+4。由以上可知，对数组元素的地址可以使用数组名+下标来标识，即地址+整数代表从当前地址向下移动几个存储单元。

通过使用间接访问运算符"*"来引用地址所在的存储单元内容。因此对于数组元素 a[0]，还可以表示为*&a[0]和*(a+0)，同理，数组元素 a[1]可以表示为*&a[1]和*(a+1)，数组元素 a[2]可以表示为*&a[2]和*(a+2)，数组元素 a[3]可以表示为*&a[3]和*(a+3)，数组元素 a[4]可以表示为*&a[4]和*(a+4)。因此，在应用中数组元素的表示和数组元素地址的表示是可以多样的。

【例 6.23】 输出数组中的全部元素。（通过数组名+偏移量计算数组元素的地址、输出值。）

```c
#include "stdio.h"
void main()
{
  int a[10],i;
  for(i=0;i<10;i++)
      scanf("%d",a+i) ;
  for(i=0;i<10;i++)
      printf("a[%d]=%d ",i,*(a+i));
}
```

程序运行时输入：1 3 5 7 9 11 13 15 17 19 <CR>

输出：a[0]=1 a[1]=3 a[2]=5 a[3]=7 a[4]=9 a[5]=11 a[6]=13 a[7]=15 a[8]=17 a[9]=19

（2）通过指针变量引用一维数组元素

由前述内容可知使用数组名引用数组元素的两种方法，*(a+i)表示法中 a 为数组名，表示 a 数组的首地址，是一个常量。可以定义一个指针变量存放该首地址，然后使用该指针变量来引用各数组元素。假如有如下定义：

```c
int a[10]={0,1,2,3,4,5,6,7,8,9};int *p;
```

或　　`int a[10]={0,1,2,3,4,5,6,7,8,9},*p;`

此时该指针变量 p 存放一个随机的地址值，为了让 p 指向数组的首地址，可使用赋值语句 p=a 或 p=&a[0]来实现，此时：

① 指针变量 p 和数组名 a 都代表该数组首地址，值相同，但是 p 是变量而 a 是常量。

② p+i 和 a+i 都是 a[i]的地址，或者说它们指向 a 数组的第 i 个元素。如图 6.10 所示。

③ *(p+i)或*(a+i)就是 p+i 或 a+i 所指向的数组元素，即 a[i]。例如：*(p+3)或*(a+3)就是 a[3]。

【例 6.24】 输出数组中的全部元素。（用指针变量指向数组元素，指针变量 p 没有移动。）

```c
#include "stdio.h"
void main()
{
  int i,a[10],*p;p=a;
  for(i=0;i<10;i++)
```

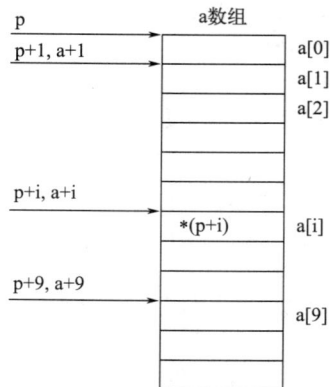

图 6.10　指针变量加偏移量和数组名加偏移量表示数组元素地址

```
    scanf("%d",p+i);
  for(i=0;i<10;i++)
    printf("%d",*(p+i));
}
```

【例 6.25】 输出数组中的全部元素。（用指针变量指向数组元素，指针变量 p 移动。）

```
#include "stdio.h"
void main()
{
  int i, a[10],*p;p=a;
  for(i=0;i<10;i++)
    scanf("%d",p++);
  for(i=0,p=a;i<10;i++)
    printf("%d",*p++);
}
```

说明：

① 注意上面三例与例 6.1 的异同点。

② 本题中的输入语句与下面语句是等价的：

```
for(;p<a+10;p++)
  scanf("%d",p);
```

③ 本题中输出语句与下面语句等价：

```
for(i=0,p=a;i<10;i++,p++)
  printf("%d",*p);
for(p=a;p<a+10;p++)
  printf("%d",*p);
```

上面的例子充分体现了指针变量的灵活性，与使用数组名方法有明显的区别。

（3）使用带下标的指针变量引用一维数组元素

引用一维数组元素还可以使用指针变量带下标的方法，类似于数组名带下标。

例如：

```
int a[5]={1,2,3,4,5},*p=a;
```

引用数组元素 a[0]可表示为：a[0], *(a+0), *(p+0)。a[0]可表示成*(a+0)，反过来*(a+0)可表示成 a[0]，所以*(p+0)可表示成 p[0]，即指针变量带下标。p[1]等价于 a[1], p[2]等价于 a[2], p[3]等价于 a[3], p[4]等价于 a[4]。

在含义上 p 仍为指针变量，指针变量带下标引用法是从指针变量存放的地址开始计算。如果有定义语句"int a[5]={1,2,3,4,5},*p=&a[2];"，则 p[0]就等价于 a[2]，p[1]等价于 a[3]，p[2]等价于 a[4]。此时可以出现 p[-1], p[-2]，它们分别等价于 a[1], a[0]。但须注意：在使用指向数组的指针变量时，下标值不可超出数组的实际存储空间，即此时 p 的下标不能≤-3，也不能≥3。

【例 6.26】 输出数组中的全部元素。（指针变量带下标，指针变量初始值为数组的起始地址。）

```
#include "stdio.h"
void main()
{
  int i, a[10],*p;p=a;
  for(i=0;i<10;i++)
```

```
            scanf("%d",&p[i]);
        for(i=0;i<10;i++)
            printf("%d ",p[i]);
    }
```

【例 6.27】 输出数组中的全部元素。（指针变量带下标，指针变量初始值为数组第三个元素的起始地址。）

```
#include "stdio.h"
void main()
{
    int i,a[10],*p=&a[2];
    for(i=-2;i<8;i++)
        scanf("%d",&p[i]);
    for(i=-2;i<8;i++)
        printf("%d ",p[i]);
}
```

说明：

由于指针变量 p 的初值是 a[2]的地址，因此，p[-2]就是 a[0]，依此类推。

两个需要注意的问题：

① 指针变量可以实现本身的值的改变。如 p++是合法的，而 a++是错误的。因为 a 是数组名，它是数组的首地址，是常量。

② 要注意指针变量的当前值。

6.4.6 二维数组的地址

一维数组的指针表示法实际上是利用数组名或使用指向某个数组元素的指针变量按数组元素在内存中存放顺序的规则表示的。二维数组与一维数组表示法相似，可以把二维数组看作一个一维数组，一维数组的每个数组元素又是一个一维数组。二维数组的地址表示比较复杂，下面用例子做详细说明。

例如，定义二维整型数组为：

```
int a[3][4]={{0,1,2,3},{4,5,6,7},{8,9,10,11}};
```

如果设数组 a 的首地址为 0x1000，各下标变量的首地址及其值如图 6.11 所示。

前面介绍过，C 语言允许把一个二维数组分解为多个一维数组来处理。因此数组 a 可分解为三个一维数组：a[0]，a[1]，a[2]。每一个一维数组又包含四个元素，如图 6.12 所示。

a[0]是第一个一维数组的数组名和首地址，因此也为 1000。*(a+0)或*a 与 a[0]等效，它表示一维数组 a[0]的 0 号元素的首地址，也为 1000。&a[0][0]是二维数组 a 的 0 行 0 列元素首地址，同样是 1000。因此，a，a[0]，*(a+0)，*a，&a[0][0]是相等的。

同理，a+1 是二维数组第 1 行的首地址，等于 1008。a[1]是第二个一维数组的数组名和首地址，因此也为 1008。&a[1][0]是二维数组 a 的 1 行 0 列元素地址，也是 1008。因此 a+1,a[1],*(a+1),&a[1][0]是等同的。由此可得出：a+i，a[i]，*(a+i)，&a[i][0]是等同的。

此外，&a[i]和 a[i]也是等同的。因为在二维数组中不能把&a[i]理解为元素 a[i]的地址，不存在元素 a[i]。C 语言规定，它是一种地址计算方法，表示数组 a 第 i 行首地址。由此，我们得出：a[i]，&a[i]，*(a+i)和 a+i 也都是等同的。

1000 0	1004 1	1008 2	100c 3
1010 4	1014 5	1018 6	101c 7
1020 8	1024 9	1028 10	102c 11

图 6.11　下标变量的首地址及其值示意图

a[0]	=	1000 0	1004 1	1008 2	100c 3
a[1]	=	1010 4	1014 5	1018 6	101c 7
a[2]	=	1020 8	1024 9	1028 10	102c 11

图 6.12　二维数组分解为一维数组

另外，a[0]也可以看成是 a[0]+0，是一维数组 a[0]的 0 号元素的首地址，而 a[0]+1 则是 a[0]的 1 号元素首地址，由此可得出 a[i]+j 则是一维数组 a[i]的 j 号元素首地址，它等于&a[i][j]，如图 6.13 所示。

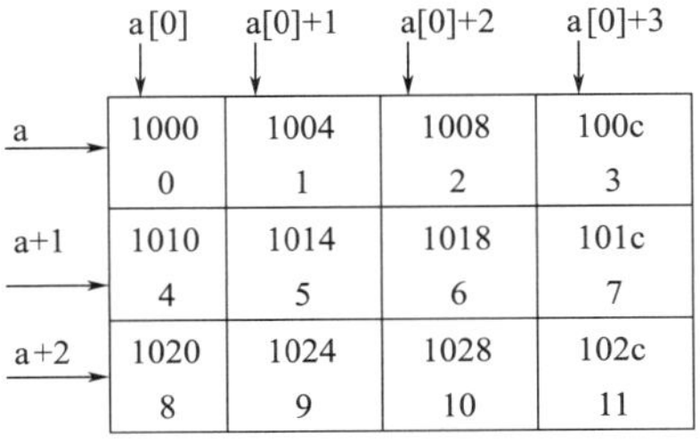

	a[0]	a[0]+1	a[0]+2	a[0]+3
a →	1000 0	1004 1	1008 2	100c 3
a+1 →	1010 4	1014 5	1018 6	101c 7
a+2 →	1020 8	1024 9	1028 10	102c 11

图 6.13　二维数组行首地址、元素地址及其值示意图

由 a[i]=*(a+i)得 a[i]+j=*(a+i)+j。由于*(a+i)+j 是二维数组 a 的 i 行 j 列元素的首地址，所以，该元素的值等于*(*(a+i)+j)。

6.4.7　指向二维数组的指针变量

由于二维数组地址表示具有多样性，因此指向二维数组的指针有两种情况：一种是定义直接指向数组元素的指针变量，另一种是定义指向具有 n 个元素的一维数组的指针变量。在含义上第一种情况定义的是一级指针，而第二种情况定义的是数组指针，属于二级指针。在使用上二者也存在明显的差异。

指向二维数组的指针变量说明的一般形式为：

类型标识符　(*指针变量名)[长度]

其中，"类型标识符"为指针变量所指数组的数据类型。使用小括号把"*"和指针变量名括起来，表示其后的变量名是指针类型。"长度"表示指针变量指向的一维数组的长度，二维数组分解为多个一维数组时，即每个一维数组的长度，也就是二维数组的列数。应注意"(*指针变量名)"两边的括号不可少，如缺少括号则表示是指针数组(本章后面介绍)，变量名就代表数组名而不是指针变量了，意义就完全不同了。

例如：

```
int a[3][4], (*p)[4],p=a;
```

二维数组 a 可以分解为三个一维数组，分别为 a[0]、a[1]、a[2]，每一个一维数组含有 4 个元素。定义 p 为指向二维数组的指针变量。它表示 p 是指针变量，又称为行指针，指向具有 4 个整型元素的一维数组。若有如上定义，则指针变量 p 指向第一个一维数组 a[0]，其值等于 a,a[0]或&a[0][0]等。而 p+1 则指向一维数组 a[1]，p+2 则指向一维数组 a[2]。对于 p+1 来说，*(p+1)

等价于 a[1], a[1][1]元素则可以表示为*(a[1]+1)即*(*(p+1)+1)。因此，可得出*(p+i)+j 是二维数组 i 行 j 列的元素的地址，而*(*(p+i)+j)则是 i 行 j 列元素的值。则数组元素可表示为：

① p[i][j]；

② *(*(p+i)+j)；

③ *(p[i]+j)；

④ (*(p+i))[j]。

一级指针只能指向数组元素或变量，也就是说一级指针只能存放数组元素或变量的地址，下面通过例子观察一级指针和数组指针的区别。

【例 6.28】 一级指针指向二维数组。

```c
#include "stdio.h"
void main()
{   int a[3][4]={ 1,2,3,4,5,6,7,8,9,10,11,12},i,j,*p;
    p=&a[0][0];
    for(i=0;i<12;i++)
    {   if(i%4==0)   printf("\n");
        printf("%2d ",p[i]);
    }
}
```

程序运行时输出：

```
1   2   3   4
5   6   7   8
9   10  11  12
```

从程序运行结果可知，通过一级指针可以像处理一维数组那样处理二维数组元素的输出问题。

【例 6.29】 数组指针指向二维数组。

```c
#include "stdio.h"
void main()
{   int a[3][4]={ 1,2,3,4,5,6,7,8,9,10,11,12};
    int (*p)[4],i,j;
    p=a;
    for(i=0;i<3;i++)
    {for(j=0;j<4;j++)
        printf("%2d ",*(*(p+i)+j));
     printf("\n");}
}
```

程序运行时输出：

```
1   2   3   4
5   6   7   8
9   10  11  12
```

注意：虽然以上两个程序的数据初值和运行结果均相同，但是它们在处理方法上是有本质区别的，读者一定要掌握。

6.4.8   指针数组的定义和应用

一个数组的元素值为指针变量则是指针数组。指针数组是一组有序的指针变量的集合。

指针数组的所有元素都必须是具有相同存储类型和指向相同数据类型的指针变量。

（1）指针数组的定义

指针数组的定义的形式如下：

数据类型　　*指针数组名[元素个数]

例如"int　*pa[2];"，表示定义了一个指针数组 pa，它由指向 int 型数据的 pa[0]和 pa[1]两个指针元素组成。和普通数组一样，编译系统在处理指针数组定义时，给它在内存中分配一个连续的存储空间，这时指针数组名 pa 就表示指针数组的存储首地址。

具有相同类型的指针数组可以在一起定义，它们也可以与变量、指针变量一起定义。例如：

```
int a, *p,b[10], *pa[2], *q[4];
```

（2）指针数组的应用

在程序中指针数组常常用来处理多维数组。

例如，定义一个二维数组和一个指针数组：

```
int  a[2][3], *pa[2];
```

二维数组 a[2][3]可分解为 a[0]和 a[1]这两个一维数组，它们各有 3 个元素。指针数组 pa 由两个指针变量 pa[0]和 pa[1]组成。可以把一维数组 a[0]和 a[1]的首地址分别赋予指针变量 pa[0]和 pa[1]，例如：

```
pa[0]=a[0]; 或 pa[0]=&a[0][0];
```

```
pa[1]=a[1]; 或 pa[1]=&a[1][0];
```

这两个指针变量分别指向两个一维数组，如图 6.14 所示，这时通过这两个指针变量就可以对二维数组中的数据进行处理。根据前面介绍的"*"和"[]"的运算意义和地址计算规则，在程序中，a[i][j]、*(a[i]+j)、*(pa[i]+j) 、pa[i][j]是意义相同的表示方法，可以根据需要使用任何一种表示形式。

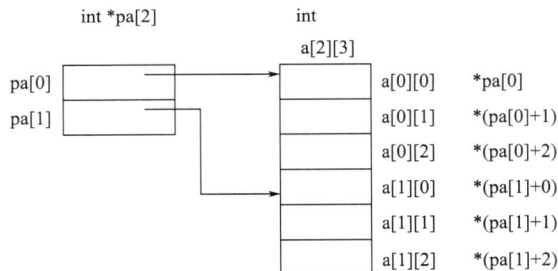

图 6.14　指针数组和二维数组

【例 6.30】　用指针数组处理二维数组。

```
#include <stdio.h>
void main( )
{
  int  a[2][3], *pa[2];
  int i,j;
  pa[0]=a[0];
  pa[1]=a[1];
```

```
    for(i=0;i<2;i++)
      for(j=0;j<3;j++)
        a[i][j]=(i+1)*(j+1);
      for(i=0;i<2;i++)
       for(j=0;j<3;j++)
       { printf("a[%d][%d]:%3d\n",i,j,*pa[i]);
         pa[i]++;
       }
}
```

程序的运行结果如下：

```
a[0][0]: 1
a[0][1]: 2
a[0][2]: 3
a[1][0]: 2
a[1][1]: 4
a[1][2]: 6
```

【例 6.31】 通常可用一个指针数组来指向一个二维数组。指针数组中的每个元素被赋予二维数组每一行的首地址，因此也可理解为指向一个一维数组。

```
#include "stdio.h"
void main()
{
  int a[3][3]={1,2,3,4,5,6,7,8,9},*pa[3]={a[0],a[1],a[2]},*p=a[0],i;
  for(i=0;i<3;i++)
      printf("%d,%d,%d\n",a[i][2-i],*a[i],*(*(a+i)+i));
  for(i=0;i<3;i++)
      printf("%d,%d,%d\n",*pa[i],p[i],*(p+i));
}
```

程序运行时输出：

```
3,1,1
5,4,5
7,7,9
1,1,1
4,2,2
7,3,3
```

本例程序中，pa 是一个指针数组，三个元素分别指向二维数组 a 的各行。然后用循环语句输出指定的数组元素。其中，*a[i]表示 i 行 0 列元素值；*(*(a+i)+i)表示 i 行 i 列的元素值；*pa[i]表示 i 行 0 列元素值。由于 p 与 a[0]相同，故 p[i]表示 0 行 i 列元素的值，*(p+i)表示 0 行 i 列元素的值。读者可仔细领会元素值的各种不同的表示方法。

在程序中也经常使用字符指针数组来处理多个字符串，见下一节。

（3）指针数组和数组指针的区别

这二者虽然都可用来表示二维数组，但是其表示方法和意义是不同的。

数组指针是单个的变量，其一般形式"(*指针变量名)"两边的括号不可少。而指针数组表示的是多个指针变量(一组有序指针变量)，在一般形式中"*指针数组名"两边不能有括号。例如：

```
int (*p)[3];
```

表示一个指向二维数组的指针变量。该二维数组的列数为 3 或分解后一维数组长度为 3。

```
int *p[3];
```

表示 p 是一个指针数组，有三个数组元素 p[0]、p[1]、p[2]，而且均为指针变量。

6.5　字符串和指针

6.5.1　单个字符串的处理方法

在 C 语言中，字符串是通过字符数组来处理的，同样也可以使用字符型指针变量来处理字符串。

（1）使用字符数组来处理字符串的方法

【例 6.32】　通过字符数组来处理字符串。

```
#include "stdio.h"
void main()
{
  char str[]="Welcome to China!";
  printf("%s\n",str);
}
```

程序运行输出：

```
Welcome to China!
```

和前面介绍的数组属性一样，str 是数组名，它代表字符数组的首地址。输出时从该地址开始逐个输出各存储单元中的字符，遇到字符串结束标记'\0'结束。

（2）使用字符型指针变量处理字符串

在字符串的处理中，使用字符型指针变量比用字符数组更方便。在字符型指针变量初始化时，可以直接用字符串常量作为初始值。

例如：

```
char *str="welcome!";
```

在程序中也可以直接把一个字符串常量赋予一个字符型指针变量。例如：

```
char *str;
str="welcome!";
```

需要说明的是，此时并不是把字符串常量赋给字符型指针变量，而是把字符串常量 "welcome!"的首地址赋给字符型指针变量，从而使字符型指针变量指向该字符串的首字符位置。

还可以定义字符数组来存放字符串，再定义字符型指针变量指向字符串。

例如：

```
char str1[]="program",*str2;str2=str1;
```

【例 6.33】　通过字符型指针变量来输出字符串。

```
#include "stdio.h"
void main()
{
```

```
char *str="Welcome to China!";
int i;
for(i=0;str[i]!='\0';i++)
    printf("%c ",str[i]);
printf("\n ");
}
```

程序运行时输出：

```
Welcome to China!
```

【例 6.34】 输出字符串中 n 个字符后的所有字符。

```
#include "stdio.h"
void main()
{
  char *ps="this is a book";
  int n=10;
  ps=ps+n;
  printf("%s\n",ps);
}
```

程序运行时输出：

```
book
```

在程序中对 ps 初始化时，即把字符串首地址赋予 ps，当 ps= ps+10 之后，ps 指向字符 b，因此输出为 "book"。

（3）两种方法处理单个字符串的区别

用字符数组和字符型指针变量都可实现字符串的存储和运算。但是二者是有区别的。在使用时应注意以下几个问题：

① 字符型指针变量本身是一个变量，用于存放字符串的首地址。而字符串本身是存放在以该首地址为首的一块连续的内存空间中并以'\0'作为字符串的结束标志。字符数组是由若干个数组元素组成的，它可用来存放整个字符串，也可以用来存放多个字符，数组名代表首地址，而且是一个地址常量。

② 对于字符串常量的指针处理方式：

```
char *ps="C Language";
```

可以写为：

```
char *ps;
ps="C Language";
```

而对于数组方式：

```
char str[]="C Language";
```

不能写为：

```
char str[20];
str="C Language";
```

这是因为 str 是地址常量，不允许向它赋值。

从以上几点可以看出字符型指针变量与字符数组在使用时的区别，同时也证明了使用字符型指针变量更加方便。

③ 在程序执行过程中给一个没有指向具体内存空间的指针变量赋值是危险的，容易引起错误。但是对指针变量直接初始化是可以的。

④ 当用字符数组存放字符串时，可以以各种形式引用字符串中的字符，因为该数组总是代表一个固定的存储空间，首地址始终不变。而对于指针变量指向的字符串，一旦该指针变量的值发生改变而指向其他的字符串时，原字符串的引用将无法再实现。

6.5.2　多个字符串的处理方法

前文介绍的都是用字符数组或指针变量来处理一个字符串，有的时候需要对多个字符串进行操作。C 语言中通常采用两种方式来处理多个字符串，一种是通过二维字符数组来处理，另一种是通过指针数组来处理。

（1）通过二维数组处理多个字符串

前面已经介绍一个二维数组可以分解为多个一维数组，我们可以用每个一维数组分别存放一个字符串，从而实现多个字符串的处理。例如：

```
char str[4][10]={"hi","man","woman","first C!"};
```

此定义与 "char str[][10]={"hi","man","woman"," first C!"};" 是等价的。

在内存中的存放形式如图 6.15 所示。

'h'	'i'	'\0'						
'm'	'a'	'n'	'\0'					
'w'	'o'	'm'	'a'	'n'	'\0'			
'f'	'i'	'r'	's'	't'	' '	'C'	'!'	'\0'

图 6.15　字符串在二维数组中的存放

数组元素按行占用连续的固定的存储单元，一行存放一个字符串，定义时列标必须足够大以便能存放下所有字符串中长度最大的。由图 6.15 可知，此种方法浪费了大量的存储单元。

（2）通过指针数组处理多个字符串

指针数组也常用来表示一组字符串，这时指针数组的每个元素被赋予一个字符串的首地址。指向字符串的指针数组的初始化更为简单。例如，采用指针数组来表示一组字符串，其初始化赋值为：

```
char *str[4]={"hi","man","woman","first C!"};
```

完成这个初始化赋值之后，str[0]指向"hi"，str[1]指向"man"，str[2]指向"woman"，str[3]指向"first C!"，如图 6.16 所示。

str[0]	→	'h'	'i'	'\0'						
str[1]	→	'm'	'a'	'n'	'\0'					
str[2]	→	'w'	'o'	'm'	'a'	'n'	'\0'			
str[3]	→	'f'	'i'	'r'	's'	't'	' '	'C'	'!'	'\0'

图 6.16　字符串在指针数组中的存放

上述定义并初始化的结果等价于依次把字符串常量的首地址赋予数组元素，每个字符串仅占用它所需要的内存空间，从图 6.15 和图 6.16 可知，使用指针数组处理多个字符串会节省一定的存储空间。

【例 6.35】 将多个字符串按字典顺序输出。

```
#include <stdio.h>
#include <string.h>
void main( )
{
  char *pname, *pstr[]={"John","Michelle","George","Kim"};
  int n=4,i,j;
  for(i=0;i<n;i++)
    for(j=i+1;j<=n;j++)
      if(strcmp(pstr[i],pstr[j])>0)
      {
        pname=pstr[i];
        pstr[i]=pstr[j];
        pstr[j]= pname;
      }
  for(i=0;i<n;i++)
  printf("%s\n",pstr[i]);
}
```

程序的运行结果如下：
```
George
John
Kim
Michelle
```

程序中定义了字符指针数组 pstr，它由 4 个指针变量组成，分别指向 4 个字符串，即初始值分别为 4 个字符串的首地址，如图 6.17 所示。用一个双重循环对字符串进行排序（选择排序法）。在内层循环 if 语句的表达式中调用了字符串比较函数 strcmp，其中，pstr[i]，pstr[j]是指向要比较的两个字符串的指针变量。当 pstr[i]指向的字符串大于、等于或小于 pstr[j]指向的字符串时，函数返回值分别为正数、零和负数。最后使用一个单循环将字符串以 "%s" 格式按字典顺序输出。

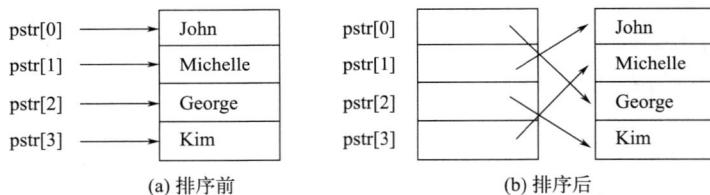

图 6.17　将多个字符串按字典顺序输出

当然，指针数组不仅仅可以存放多个字符串，也可以存放其他类型变量的地址。
例如：
```
int *p[4];
```
表示 p 是一个指针数组名，该数组有四个数组元素，每个数组元素都是一个指针变量，指向整型变量。

6.5.3　字符串程序举例

【例 6.36】 输入一个长度小于 100 的字符串，将字符串中的前导*全部删除，中间和尾部的*不删除。例如，字符串中的内容为*******A*BC*DEF**G****，删除后，字符串中的内容应当是 A*BC*DEF**G****。在编写程序时，不得使用 C 语言提供的字符串函数。

分析：本程序首先使用 gets 函数对数组 str 输入长度小于 100 的字符串。然后使用循环查找到第一个非'*'字符，指针变量指向该字符。指针变量指向的第一个非'*'字符至'\0'的字符串恰好是结果字符串，因此，将指针指向的字符串复制到原字符串中即可。

```
#include"stdio.h"
void main()
{
 char str[100],*p=str;        /*定义字符数组 str 来存放字符串*/
 int k=0;
 printf("please input string: ");
 gets(str);
   while(*p=='*')                /*通过循环使指针变量指向第一个非'*'字符*/
       p++;
   while(*p!='\0')               /*将*p 指向的字符串复制到源字符串 str 中*/
   {
       str[k++]=*p;
       p++;
   }
   str[k]='\0';
   puts(str);
}
```

程序运行时输入：*******A*BC*DEF*G****<CR>

输出：A*BC*DEF*G****

【例 6.37】 输入一个长度小于 100 的字符串，将字符串中的尾部*全部删除，前导和中间的*不删除。例如，字符串中的内容为*******A*BC*DEF**G****，删除后，字符串中的内容应当是*******A*BC*DEF**G。在编写程序时，不得使用 C 语言提供的字符串函数。

分析：本程序首先使用 gets 函数对数组 str 输入长度小于 100 的字符串。然后使用循环查找到最后一个非'*'字符，查找方向应从后往前，即指针变量先移动到字符串末尾，再向前查找最后一个非'*'字符，指针变量指向该字符，下一个字符设置为'\0'即可。

```
#include"stdio.h"
void main()
{
 char str[100],*p=str;        /*定义字符数组 str 来存放字符串*/
 int k=0;
 printf("please input string: ");
 gets(str);
   while(*p!='\0')               /*使指针变量指向最后，循环结束后，指针指向'\0'*/
       p++;
   p--;                          /*指针变量指向最后一个字符*/
   while(*p=='*')                /*指针变量指向最后一个字符*/
       p--;
   p++;
   *p='\0';
   puts(str);
}
```

程序运行时输入：*******A*BC*DEF*G****<CR>

输出：*******A*BC*DEF*G

【**例 6.38**】 输入一个长度小于 100 的字符串，将字符串中的中间和尾部*全部删除，前导的*不删除。例如，字符串中的内容为*******A*BC*DEF**G****，删除后，字符串中的内容应当是：*******ABCDEFG。在编写程序时，不得使用 C 语言提供的字符串函数。

分析：本程序首先使用 gets 函数对数组 str 输入长度小于 100 的字符串。然后使用循环查找到第一个非'*'字符，指针变量指向该字符。对指针变量指向的字符串去掉所有'*'即是结果。

```c
#include"stdio.h"
void main()
{
  char str[100],*p=str;           /*定义字符数组 str 来存放字符串*/
  int i,k=0;
  printf("please input string: ");
  gets(str);
    while(*p=='*')                /*通过循环使指针变量指向第一个非'*'字符*/
      p++;
    i=0;
while(p[i]!='\0')                 /*删除 p 指向的字符串中的所有'*'*/
    {   if(p[i]!='*')
        p[k++]=p[i];
        i++;
    }
    p[k]='\0';
    puts(str);
}
```

程序运行时输入：*******A*BC*DEF *G****<CR>

输出：*******ABCDEFG

【**例 6.39**】 输入一个长度小于 100 的字符串，将字符串中的前导和中间*全部删除，尾部的*不删除。例如，字符串中的内容为*******A*BC*DEF**G****，删除后，字符串中的内容应当是 ABCDEFG****。在编写程序时，不得使用 C 语言提供的字符串函数。

分析：本程序首先使用 gets 函数对数组 str 输入长度小于 100 的字符串。然后使用循环查找到最后一个非'*'字符，指针变量指向该字符。再使用另一指针变量从字符串首元素到最后一个非'*'字符中去掉所有'*'，最后将最后一个非'*'字符后的'*'复制过来即是结果。

```c
#include"stdio.h"
void main()
{
  char str[100],*p=str,*q=str;      /*定义字符数组 str 来存放字符串*/
  int k=0;
  printf("please input string: ");
  gets(str);
    while(*p!='\0')                 /*循环使指针变量指向'\0'*/
        p++;
  p--;                              /*指针变量指向最后一个字符*/
  while(*p=='*')                    /*当指针变量指向字符是'*'，指针向前移动*/
      p--;
```

```
    while(q<p)                   /*从开始到最后一个非'*'中去掉所有'*'*/
    {
        if(*q!='*')
            str[k++]=*q;
        q++;
    }
    while(*q!='\0')              /*将最后一个非'*'字符后的'*'复制过来*/
    {
        str[k++]=*q;
        q++;
    }
    str[k]='\0';
    puts(str);
}
```

程序运行时输入：*******A*BC*DEF*G****<CR>

输出：ABCDEFG****

【例 6.40】　输入一个长度小于 100 的字符串，将字符串中的中间*全部删除，前导和尾部的*不删除。例如，字符串中的内容为*******A*BC*DEF**G****，删除后，字符串中的内容应当是*******ABCDEFG****。在编写程序时，不得使用 C 语言提供的字符串函数。

分析：本程序首先使用 gets 函数对数组 str 输入长度小于 100 的字符串。然后使用循环查找到第一个和最后一个非'*'字符，指针变量指向该字符，再使用一个指针变量从开始到第一个非'*'字符做复制，继续到最后一个非'*'字符之间删除所有'*'，继续到字符串结束复制即是结果。

```
#include"stdio.h"
void main()
{
    char str[100],*p=str,*q=str,*l=str;     /*定义字符数组 str 来存放字符串*/
    int k=0;
    printf("please input string: ");
    gets(str);
    while(*p!='\0')            /*循环使指针变量指向'\0'*/
        p++;
    p--;                      /*指针变量指向最后一个字符*/
    while(*p=='*')            /*当指针变量指向字符是'*'，指针变量向前移动*/
        p--;
    while(*q=='*')            /*指针变量指向第一个非'*'字符*/
        q++;
    while(l<q)                /*从开始到第一个非'*'字符做复制动作，结果存入 str 数组中*/
    {
        str[k++]=*l;
        l++;
    }
    while(l<p)                /*继续到最后一个非'*'字符做删除所有'*'动作，结果存入 str 数组中*/
    {
        if(*l!='*')
        str[k++]=*l;
        l++;
    }
```

```
while(*l!='\0')          /*继续到字符串结束做复制动作，结果存入 str 数组中*/
{
    str[k++]=*l;
    l++;
}
str[k]='\0';
puts(str);
}
```

程序运行时输入：*******A*BC*DEF*G****<CR>

输出：ABCDEFG****

6.6 指向指针的指针

指针既可以指向基本类型变量，又可以指向指针变量，即存放其他指针变量的地址。C 语言中，把一个存放另一个指针变量的地址的指针变量称为指向指针的指针或称为多级指针。

在前面已经介绍过，通过指针访问变量称为间接访问。由于指针直接指向基本类型变量，所以称为单级间址。而如果通过指向指针的指针来访问变量则构成二级间址。

从图 6.18 可以看到，指针变量 1 存放的是指针变量 2 的地址，而不是基本类型变量的地址。指针变量 2 存放的是普通变量的地址。因此，可以得出指针变量 2 是一级指针，而指针变量 1 是指向一级指针的指针，为二级指针（二重指针）。同理，如果一个指针变量指向二级指针，则称为三级指针（三重指针）。

本节将以二级指针为例说明多级指针的定义和使用。

指向指针型数据的指针变量定义形式如下：

数据类型 **指针变量名；

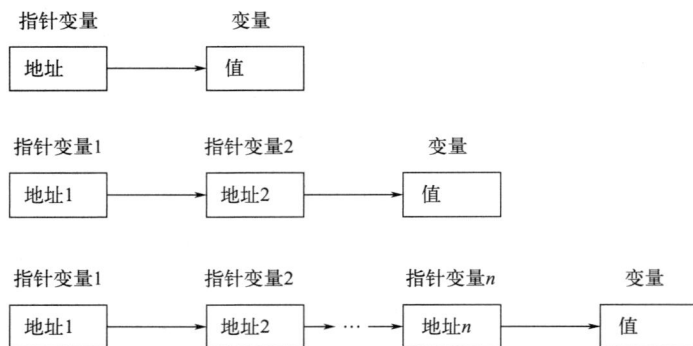

图 6.18 指向指针的指针

假设有定义 int **p，p 前面有两个*，相当于*(*p)。显然*p 是指针变量的定义形式，如果没有最前面的*，那就是定义了一个指向整型数据的指针变量。现在它前面又有一个*，表示指针变量 p 指向一个指针变量。*p 就是 p 所指向的指针变量，**p 就是 p 所指向的指针变量所指向的基本类型变量。从定义形式可以得出：定义时有一个*则为一级指针，有两个*则为二级指针，依此类推。

定义举例：

int r = 3,*p=&r,**q=&p;等价于 int r,*p,**q;r = 3;p=&r;q=&p;

假设 r 的地址为 2000H，p 的地址为 2100H,q 的地址为 2200H，如图 6.19 所示。

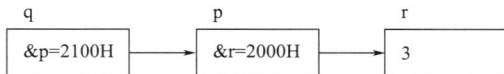

图 6.19 指向指针的指针变量实例

从图 6.19 可以看出，二级指针变量 q 存放一级指针变量 p 的地址 2100H 而指向指针变量 p，而二级指针变量 q 本身的地址为 2200H；一级指针变量 p 存放基本类型变量 r 的地址 2000H 而指向变量 r；r 变量存放的是具体的值 3。

虽然 p、q 都是指针变量，但是二者含义有明显的区别，对于二级指针 q，它必须存放一级指针的地址，只加一个间接访问运算符*即*q 等价于指针变量 p，遇到两个间接运算符*即**q 等价于整型变量 r，而对于一级指针 p，加一个间接运算符*即*p 等价于整型变量 r。不能进行简单赋值 q=r，数据类型指的是 r 的类型，而不是 p 或 q 的类型。

【例 6.41】 一个指针变量指向数据的简单例子。

```
#include "stdio.h"
void main()
{ int r,*p,**q;
r=3;
p=&r;
q=&p;
  printf("r=%d,*p=%d,**q=%d\n",r,*p,**q);
  printf("p=%o,*q=%o\n",p,*q);
  printf("q=%o\n",q);
}
```

程序运行时输出：

```
r=3,*p=3,**q=3
p=4577574,*q=4577574
q=4577570
```

【例 6.42】 使用指向指针的指针处理指针数组。

```
#include "stdio.h"
void main()
{ char **p,*name[]={"China","Russia","France","America","Canada","Brazil"};
  int i;
  p=name;
  for(i=0;i<=5;i++)
  {
    printf("%s\n",*p++);
  }
}
```

程序运行输出：

```
China
Russia
France
America
Canada
Brazil
```

【例 6.43】 一个指针数组的元素指向数据的简单例子。

```c
#include "stdio.h"
void main()
{ int a[5]={1,3,5,7,9};
  int *num[5]={&a[0],&a[1],&a[2],&a[3],&a[4]};
  int **p,i;
  p=num;
  for(i=0;i<5;i++)
      {printf("%d \n",**p);p++;}
}
```

程序运行时输出：

```
1 3 5 7 9
```

在线习题

第 6 章视频微课二维码

使用方法：使用手机扫描下方二维码可以获得教师授课视频，用于课后学习、巩固课堂讲授内容。

第7章
函数与指针

在前面已经介绍过，源程序是由函数组成的。虽然在前面各章中我们介绍的程序大都只有一个主函数 main()，但实际应用中编制的程序往往是相当复杂的，如果把一个复杂任务交由只包含一个函数的源程序来完成，那么该程序的可读性会非常低，同时也不利于团队合作。为了解决上述矛盾，C 语言提供了丰富的库函数和自定义函数的功能，我们看到的真正用 C 语言编写的实际应用中的源程序均由多个函数组成。C 语言的这一特点有利于实现程序的模块化。所谓模块化就是把大任务分解成若干个子任务功能模块后，可以用一个或多个 C 语言的函数来实现这些子任务功能模块，通过函数的调用来实现完成大任务的全部功能。任务、模块与函数的关系是：大任务分成功能模块，功能模块则由一个或多个函数实现。函数是源程序的基本模块，通过对函数模块的调用实现特定的功能。这种方法有利于模块的重用和团队协作，比如用户可把自己的算法编成一个个相对独立的函数模块，然后使用者有需要时可以像使用库函数那样使用已经定义好的函数，从而简化许多重复的工作。可以说学会了设计函数才能说我们学会了 C 语言，因为 C 语言程序的全部工作都是由各类函数完成的，C 语言是一种函数式语言，而在函数中灵活运用指针更会使工作效率大大提高。

采用函数模块式的结构，C 语言易于实现结构化程序设计，使程序层次结构清晰、可读性强、易于调试。

7.1 函数的定义

C 语言虽然给用户提供了丰富的标准库函数，我们也能够利用这些标准库函数完成很多功能模块的编写，但在实际应用中只有这些标准库函数是远远不能满足要求的，因此 C 语言提供了有参函数和无参函数的自定义方法，下面分别介绍。

（1）无参函数的定义形式

```
类型标识符 函数名()
{[声明部分]
 语句
}
```

（2）有参函数定义的一般形式

类型标识符 函数名 *(形参类型 形参* 1*, 形参类型 形参* 2*, …, 形参类型 形参 n)*

{[*声明部分*]

　语句

}

其中，类型标识符和函数名称为函数首部或函数头。类型标识符指明了本函数的类型，该类型标识符与前面介绍的各种数据类型说明符相同。函数名是由用户定义的标识符，无参函数名后有一个必写的空括号，有参函数比无参函数多了一个形参列表，形参全称形式参数，它们可以是各种类型的变量，但必须和实参相容（具体方法将在下一节介绍），各参数之间用逗号间隔。在进行函数调用时，主调函数将赋予这些形式参数实际的值。

有参函数还可以用如下形式定义：

类型标识符 函数名 *(形参* 1*, 形参* 2*, …, 形参 n)*

　形参类型 形参 1*, 形参类型 形参* 2*, …, 形参类型 形参 n;*

{[*声明部分*]

　　　语句

}

这是 C 语言曾有过的定义方法，现在基本不再使用。

花括号中的内容称为函数体，在函数体中的声明部分，是对函数体内部用到的变量的类型说明，即遵循 C 语言变量先定义后使用的原则，方括号内的声明部分视具体情况确定其有无。

在很多情况下都不要求无参函数有返回值，此时函数类型标识符严格来讲应写为"void"。

【例 7.1】 无参函数的定义举例

```
void fun()
{
    printf ("Welcome to BeiJing!\n");
}
```

这里 fun 函数是一个无参函数，当被其他函数调用时，输出"Welcome to BeiJing!"字符信息。

【例 7.2】 定义一个函数，用于将任意两个两位数按示例方法合并成一个四位数。示例：若 *a*=24，*b*=51，则合并后为 1425。

```
int hbfun(int a, int b)
{int c;
    c=a/10*10+a%10*100+b/10+b%10*1000;
    return c;
}
```

第一行说明 hbfun 函数是一个整型函数，其返回的函数值是一个整数。形参 a、b 均为整型变量。a、b 的具体值是由主调函数在调用时传过来的。在{}中的函数体内，除形参外又使用一个变量，因此应先定义。在 hbfun 函数体中的 return 语句是把 c 的值作为函数的值返回给主调函数。有返回值的函数中至少应有一个 return 语句。

在 C 语言程序中，一个函数的定义可以放在任意位置，既可放在调用函数之前，也可放在其后，二者的区别是放在调用函数之前时，调用函数可不必对被调用函数进行声明，否则应进行声明，见例 7.3。

【例 7.3】 一个完整的函数定义和调用举例。

```
int hbfun(int a,int b)            /* 定义函数*/
      {int c;
       c=a/10*10+a%10*100+b/10+b%10*1000;
       return c;
      }
#include <stdio.h>
void main()
{   int hbfun(int a,int b);                /* 对被调用函数的声明*/
    int x,y,z;
    printf("input two numbers:\n");      /*调用标准库函数*/
    scanf("%d%d",&x,&y);                 /*调用标准库函数*/
    z=hbfun(x,y);                        /*调用自定义函数*/
    printf("hbfunmum=%d.",z);
}
```

运行该程序后先是键盘输入 24 51 后按回车键，屏幕将显示"hbfunnum=1425."。

现在我们可以从函数定义、函数说明及函数调用的角度来分析整个程序，从中进一步了解函数的各种特点。

程序的第 1 行至第 5 行为 hbfun 函数定义。进入主函数后，因为准备调用 hbfun 函数，故先对 hbfun 函数进行声明(可省略)。函数定义和函数声明并不是一回事，在后面还要专门讨论。可以看出函数声明与函数定义中的函数首部相同，但是末尾要加分号。程序第 12 行为调用 hbfun 函数，并把 x,y 中的值传给 hbfun 函数的形参 a,b，hbfun 函数执行的结果利用 return 语句返回后赋给变量 z，最后由主函数输出 z 的值。

需要指出的是，int 型函数无论在何处定义，其声明均可省略。

7.2 函数的参数和函数的值

7.2.1 形式参数和实际参数

前面已经提到过，函数的参数有形参（形式参数）和实参（实际参数）之分。在本小节中，进一步介绍形参、实参的特点和二者的关系。形参出现在函数定义中，在整个函数体内都可以使用，离开该函数则不能使用。实参出现在主调函数中，进入被调函数后，实参变量也不能使用（实参变量是全局变量的除外）。发生函数调用时，主调函数把实参的值传送给被调函数的形参从而实现主调函数向被调函数的数据传送。

函数的形参和实参具有以下特点：

① 形参变量只有在该函数被调用时才分配内存单元（也就是说此刻形参变量才物理存在），在调用结束时，立即释放所分配的内存单元（也就是说此刻形参变量已不复存在）。因此，形参只能在该函数体内使用，函数体外不能再使用该形参变量。

② 实参可以是常量、变量、表达式、函数等，无论实参是何种类型的量，在进行函数调用时，它们都必须具有确定的值，以便把这些值传送给形参。因此应预先用赋值、输入等办法使实参获得确定值。

③ 实参和形参在个数、类型相容性上应严格一致，否则会发生类型不匹配的错误。

④ 函数调用时只是把实参的值传给形参，形参只是值的接收者，这和第①、第②点的特点也是密切相关的。因此在函数调用过程中，形参的值发生改变不会影响实参中的值。

⑤ 虽然有时形参和实参同名，但要切记它们并不是同一个变量。

请分析例 7.4 和例 7.5。

【例 7.4】 两个变量原有值的交换

```
void swap(int a, int b)     /* 定义函数*/
{  int c;
   c=a; a=b;b=c;
   printf("(1)a=%d,b=%d\n",a,b);
}
void main()
{  int a=12,b=25;
   swap(a,b);                /* 调用函数*/
   printf("(2)a=%d,b=%d\n",a,b);
}
```

运行该程序后输出结果如下：

```
(1) a=25,b=12
(2) a=12,b=25
```

本程序中定义了一个函数 swap，该函数的功能是交换形参 a、b 的值。在主函数中调用 swap 函数，并在主调函数和被调函数中分别输出 a、b 的值，通过结果我们发现主调函数中的实参 a、b 的值确实传给了 swap 函数的形参 a、b，形参 a、b 的初值也分别为 12、25，在执行函数过程中形参 a、b 的值通过变量 c 进行了交换。在 swap 函数中用 printf 函数语句输出一次 a、b 的值，这时 a、b 的值是形参 a、b 的值。在主函数中也用 printf 函数语句输出一次 a、b 的值，这时 a、b 的值是实参 a、b 的值（仍为 12 和 25），可见实参的值并没有因为形参的变化而有所变化。（注意：本例的形参变量和实参变量的标识符都为 a、b，但此 a 非彼 a、此 b 非彼 b，各自的有效范围和出现的时间不同。）

【例 7.5】 将例 7.4 做以下改动，观察并分析原因。

```
void swap(int *a,int *b)    /* 定义函数*/
{  int c;
   c=*a; *a=*b;*b=c;
   printf("(1)a=%d,b=%d\n",*a,*b);
}
void main()
{  int a=12,b=25;
   swap(&a,&b);             /* 调用函数*/
   printf("(2)a=%d,b=%d\n",a,b);
}
```

运行该程序后输出结果如下：

```
(1) a=25,b=12
(2) a=25,b=12
```

把实参改用 a、b 的地址，形参也必须用指针变量接收实参的传值（注意：实参 a、b 是普通变量），在被调用函数中输出*a 和*b，其本质就是输出实参变量 a、b，因为*a 表示的是指针变量 a 所指向的变量，其实就是实参 a。说到这里我们发现利用指针变量实现了在被调用函数中间接访问主调函数变量的功能，虽然无返回值，但结果像是返回多个值。从这个例子中，细心的读者可能会发现这个程序是在被调用函数中通过指针变量改变了主函数中变量的值，这一特点如果不通过指针变量是不可能做到的，我们还可以把例 7.3 的自定义函数部分（也就是例 7.2）做如下更改：

```
void  hbfun(int  a,  int  b,int  *c)
{
 *c=a/10*10+a%10*100+b/10+b%10*1000;
}
```

主函数的更改请读者自己完成。

7.2.2　函数的返回值

函数的返回值是指函数被调用之后，执行函数体中的程序段所取得的并返回给主调函数的值。如调用正弦函数取得的正弦值、调用例 7.3 的 hbfun 函数取得的合并后的数等。对函数的值(或称函数返回值)有以下一些说明：

① 函数的值只能通过 return 语句返回主调函数。

return 语句的一般形式为：

```
return 表达式;
```

或者为：

```
return (表达式);
```

该语句的功能是计算表达式的值，并返回给主调函数。在函数中允许有多个 return 语句，但每次调用只能有一个 return 语句被执行，因此只能返回一个函数值。

② 函数值的类型和函数定义中函数的类型应保持一致。如果二者不一致，则以函数类型为准，自动进行类型转换，在 VC++6.0 中将给出警告错误，但不影响运行。见例 7.6。

③ 如函数值为整型，在函数定义时可以省去类型说明。

④ 不返回函数值的函数，可以明确定义为空类型，类型说明符为"void"。如例 7.4 中的函数。

⑤ 一旦函数被定义为空类型，就不能在主调函数中使用被调函数的函数值了。例如，在定义函数 s 为空类型后，在主函数中写下述语句就是错误的。

```
sum=s(n);
```

⑥ 为了使程序有良好的可读性并减少出错，凡不要求返回值的函数都应定义为空类型。

⑦ 函数定义为空类型后，函数没有返回值，函数体内一般不再需要 return 语句，但可以只写"return;"这样的语句。

⑧ 如果函数未被定义为空类型，而且函数体内没有 return 语句，那么函数将返回一个不确定的值，而不是没有返回值，也就是说函数有无返回值是由函数类型决定的，而不是由 return 语句决定的。

⑨ 既然函数的类型决定函数返回值的类型，那么我们在定义函数类型的时候一定要注意返回值的大小范围。

【例 7.6】　返回值的类型与函数的类型不同。

```
#include <stdio.h>
```

```
int max(float a,float b)
{  float max;
   max=a>b?a:b;
   return max;
}
void main()
{  float num1,num2;
   scanf("%f%f",&num1,&num2);
   printf("max=%d\n",max(num1,num2));)
}
```

【例 7.7】 计算 $n!$。

```
int fac(int n)        /* 定义求阶乘的函数*/
{  int i,s=1;
   for(i=1;i<=n;i++)  s*=i;
   return s;
}
#include <stdio.h>
void main()
{  int n;
   scanf("%d",&n);
   printf("n!=%d\n",fac(n));  /* 调用求阶乘的函数*/
}
```

在 VC++环境下若输入 12 将得到结果 479001600，若输入比 12 大的数将得不到正确答案。那么如何更改程序才能做到可以计算 12 以上的数的阶乘呢？如果运行环境是 Turbo C 此现象会更加严重，为什么呢？请读者认真研究一下！提示大家一点：从数据类型的取值范围上找原因。

7.3 函数的调用

7.3.1 函数的简单调用

（1）函数调用的一般形式

无论是标准库函数还是用户自定义函数，都是为了使用方便而设置的，前面我们已经介绍过一些标准库函数，C 语言强大的功能依赖它有丰富的库函数。标准库函数按功能可以分为：类型转换函数、字符判别与转换函数、字符串处理函数、标准 I/O 函数、文件管理函数、数学运算函数。

这些库函数分别在不同的头文件中定义（详见附录Ⅱ），例如：

① math.h 头文件中对 $\sin(x)$、$\cos(x)$、$\exp(x)$（求 e^x）、$fabs(x)$（求 x 的绝对值）、$\log(x)$（求对数）等数学函数做了声明。

② stdio.h 头文件中对 scanf()、printf()、gets()、puts()、getchar()、putchar()等标准输入输出函数做了声明。

如果用户在程序中想调用这些函数，则必须在程序中用编译预处理命令把相应的头文件包含到程序中，如例 7.8。

【例 7.8】 标准库函数的调用举例。

```
#include  <math.h>
#include  <stdio.h>
void main()
{double  a,b;
 scanf ("%lf ", &a);        /*调用输入函数，输入变量 a 的值*/
 b = sin (a);               /*调用 sin 函数，求 sin (a) 的值*/
 printf("%6.4lf",b);        /*调用输出函数，输出变量 b 的值*/
}
```

C 语言中，函数调用的一般形式为：

函数名 (实际参数表)

对无参函数调用时则无实际参数表。实际参数表中的参数可以是常数、变量或其他构造类型数据及表达式。各实参之间用逗号分隔，如例 7.3、例 7.5。实参个数的多少与用户自定义的函数及系统库函数的要求有关。

（2）函数调用的方式

在 C 语言中，可以用以下几种方式调用函数：

① 函数表达式：函数作为表达式中的一项出现在表达式中，以函数返回值参与表达式的运算。这种方式要求函数是有返回值的。例如：z=hbfun(x,y)是一个赋值表达式，把 hbfun 的返回值赋予变量 z。

② 函数语句：函数调用的一般形式加上分号即构成函数语句。

例如："printf ("%d",a);" "scanf ("%d",&b);" 都是以函数语句的方式调用函数。

③ 函数实参：函数作为另一个函数调用的实际参数出现。这种情况是把该函数的返回值作为实参进行传送，因此要求该函数必须是有返回值的。例如："printf("%d",hbfun(x,y));" 是把 hbfun 函数的返回值又作为 printf 函数的实参来使用的。在函数调用中还应该注意的一个问题是求值顺序的问题。所谓求值顺序是指对实参表中各量自左至右使用或自右至左使用。对此，各系统的规定不一定相同，因此建议大家不要编写过分依赖编译环境的程序。

（3）被调用函数的原型声明

一般情况下，在主调函数中调用某定义好的函数之前应对该被调函数进行声明，在主调函数中对被调函数作声明的目的是让编译系统知道被调函数的信息，以便做相应的处理。函数声明与该函数定义的第一行给出的函数类型、函数名、形参的个数、类型、次序相一致，形参名可以省略。

其一般形式为：

类型说明符 被调函数名 (形参类型 形参，形参类型 形参，…);

或为：

类型说明符 被调函数名 (形参类型，形参类型…);

括号内给出了形参的类型和形参名或只给出形参类型，这样编译系统就会知道如上形式的标识符代表的是函数名，而不是普通变量或其他内容。

例 7.3 main 函数中对 hbfun 函数的声明可写为：

```
int hbfun(int a,int b);
```

或写为：

```
int hbfun(int,int);
```

C 语言中又规定在以下几种特殊情况时可以省去主调函数中对被调函数的函数声明：

① 如果被调函数的返回值是整型或字符型，可以不对被调函数作声明，而直接调用。这时系统将自动对被调函数返回值按整型处理，但 VC++环境下会出现警告错误。

② 当被调函数的函数定义出现在主调函数之前时，在主调函数中也可以不对被调函数再作说明而直接调用。如例 7.3 中，函数 hbfun 的定义放在 main 函数之前，因此可在 main 函数中省去对 hbfun 函数的函数声明"int hbfun(int a,int b);"。

③ 如在所有函数定义之前，在函数外预先说明了各个函数的类型，则在以后的各主调函数中，可不再对被调函数作说明。

④ 对库函数的调用不需要再作说明，但必须把该函数的头文件用 include 命令包含在源文件前部，printf 和 scanf 函数例外。

7.3.2　函数的嵌套调用

C 语言中不允许做嵌套的函数定义。因此各函数之间是平行的，不存在上一级函数和下一级函数的问题。但是 C 语言允许在一个函数的定义中出现对另一个函数的调用。这样就出现了函数的嵌套调用，即在被调函数中又调用其他函数。其关系可表示如图 7.1。

图 7.1 表示了两层嵌套的情形。其执行过程是：执行 main 函数中调用 a 函数的语句时，即转去执行 a 函数，在 a 函数中调用 b 函数时，又转去执行 b 函数，b 函数执行完毕返回 a 函数的断点继续执行，a 函数执行完毕返回 main 函数的断点继续执行直至结束，如下程序段所示。

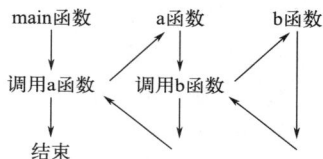

图 7.1　函数的嵌套调用示意图

```
int b([形参列表])        /*定义函数b*/
{…}
int a([形参列表])        /*定义函数a*/
{b([实参列表]);          /*a中调用函数b，即转去执行b*/
…
}
void main()             /*程序的执行起点*/
{…
  a([实参列表]);         /*主函数中调用函数a，即转去执行a*/
  …
}                       /*程序的执行终点*/
```

【例 7.9】　编程求组合 $C_m^n = m!/[n!(m-n)!]$。

分析：根据组合的计算公式可知组合函数有两个形参：m 和 n 。函数需要 3 次计算阶乘。如果利用例 7.7 定义的函数 fac(k)，求 k 的阶乘，求组合可以通过调用阶乘函数完成：

```
c=fac(m)/(fac(n)*fac(m-n));
```

为了说明嵌套调用，分别定义求组合的函数和求阶乘的函数，为了保证更大的表示范围，将例 7.7 定义的函数略作修改，见如下函数的定义：

```
double fac(int k)       /* 定义求阶乘的函数*/
{double f=1;
```

```
    int i;
    for(i=1;i<=k;i++)
    f=f * i;
    return f;
}
double comb(int n,int m)            /* 定义组合函数*/
{ double c;
    c = fac(m)/(fac(n)*fac(m-n));    /* 嵌套调用阶乘函数*/
    return c;
}
#include <stdio.h>
void main()
{   int n, m;
    double c;
    scanf("%d,%d",&n,&m);
    c=comb (n, m);                  /* 调用组合函数*/
    printf ("%.0f\n",c);
}
```

主函数调用函数 comb 函数，comb 函数在执行过程中又调用了函数 fac。fac 的调用是嵌套在函数 comb 的调用中的。将函数和一些变量的类型说明改为 double 型后，较大数的阶乘也可以正确计算，这也是例 7.7 题后要读者思考的内容的答案。当然，求阶乘的数也不能太大，否则也会造成计算错误，这也是程序员必须考虑的问题。

7.3.3　函数的递归调用

一个函数在它的函数体内调用它自身称为递归调用。这种函数称为递归函数。C 语言允许函数的递归调用。在递归调用中，主调函数又是被调函数。函数在本函数体内直接调用本函数，称直接递归。某函数调用其他函数，而其他函数又调用了本函数，这一过程称间接递归。

递归在解决某些问题时是一个十分有用的方法。原因有二：其一，有的问题本身就是递归定义的；其二，它可以使某些看起来不易解决的问题变得容易解决和容易描述，使一个蕴含递归关系且结构复杂的程序变得简洁精练、可读性高。

递归调用本质上也是嵌套调用，递归调用几次就相当于嵌套几层，而且递归调用必须有使递归趋于结束的条件，否则是没有意义的。

例如有函数 f 如下：

```
int f(int x)
{ int y;
  z=f(y);
  return z;}
```

这个函数虽然是一个递归函数，但是运行该函数将无休止地调用其自身，这当然是不正确的。为了防止递归调用无终止地进行，必须在函数内有终止递归调用的手段。常用的办法是加条件判断，满足某种条件后就不再做递归调用，然后逐层返回。下面举例说明递归调用的执行过程。

【例 7.10】　用递归法计算 $n!$

用递归法计算 $n!$可用下述公式表示：

```
n!=1        (n=0,1)
n!=n×(n-1)!    (n>1)
```

按公式可编程如下:

```
#include <stdio.h>
long ffac(int n)
{ long f;
  if(n<0) printf("n<0,input error");
  else if(n==0||n==1) f=1;
  else f=ffac(n-1)*n;
  return(f);  }
void main()
{ int n;
  long y;
  printf("\ninput a inteager number:\n");
  scanf("%d",&n);
  y=ffac(n);
  printf("%d!=%ld",n,y);  }
```

程序中给出的函数 ffac 是一个递归函数。主函数调用 ffac 后即进入函数 ffac，n<0,n=0 或 n=1 时都将结束函数的执行，否则就递归调用 ffac 函数自身。每次递归调用的实参为 n−1，即把 n−1 的值赋予形参 n，最后当 n−1 的值为 1 时再做递归调用，形参 n 的值也为 1，将使递归终止，然后可逐层退回。

下面我们再举例说明该过程。设执行本程序时输入为 5，即求 5!。在主函数中的调用语句即为 "y=ffac(5);"，进入 ffac 函数后，由于 n=5，不等于 0 或 1，故应执行 f=ffac(n-1)*n，即 f=ffac(5−1)*5。该语句对 ffac 做递归调用即 ffac(4)，……。

进行四次递归调用后，ffac 函数形参取得的值变为 1，故不再继续递归调用而开始逐层返回主调函数。ffac(1)的函数返回值为 1，ffac(2)的返回值为 1*2=2，ffac(3)的返回值为 2*3=6，ffac(4)的返回值为 6*4=24，最后返回值 ffac(5)为 24*5=120。

从求 *n*! 的递归程序中可以看出，递归定义有两个要素：

① 递归边界条件。也就是所描述问题的最简单情况，它本身不再使用递归的定义,即程序必须终止。如例 7.10，当 n=0 或 n=1 时，f=1，不使用 ffac(n-1)来定义。

② 递归定义是使问题向边界条件转化的规则。递归定义必须能使问题越来越简单。如上例，ffac(n)由 ffac(n-1)定义，越来越靠近 ffac(0)，即边界条件。最简单的情况是 ffac(0)=1 或 ffac(1)=1。

例 7.10 可以不用递归的方法来完成，可以用递推法，即从 1 开始乘以 2，再乘以 3，……直到 *n*。递推法比递归法更容易理解和实现。

我们再来看一下求最大公约数和求 Fibonacci 数列的递归程序编写方法。

【例 7.11】 用递归算法求整数 *m* 和 *n* 的最大公约数。

分析：递归出口为 m%n==0。如果 m%n≠0，则求 n 与 m%n 的最大公约数。与原问题相同，但参数变小。如此继续，直到新的 n=0 时，其最大公约数就是新的 m。

设求 m 和 n 最大公约数的函数为：gcd(m,n)。它可以用递归式表示：

$$gcd(m,n) = \begin{cases} n, & n = 0 \\ gcd(n,m\%n), & n > 0 \end{cases}$$

程序：
```
#include <stdio.h>
int  gcd(int m,int n)
{ int g;
  if  (n==0) g=m;
  else g=gcd(n,m%n);        /*递归调用*/
  return g ;
}
void main()
{ int m,n;
  scanf("%d,%d",&m,&n);
  printf("gcd=%d",gcd(m,n));
}
```
如果运行时输入 "21,15"，则递归调用过程如图 7.2 所示。

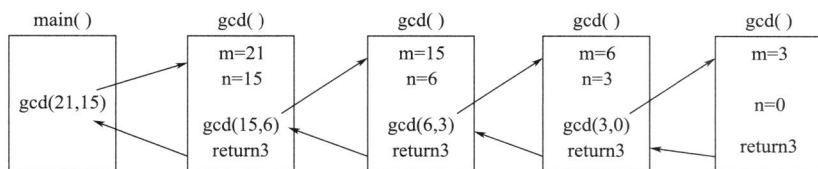

图 7.2　辗转相除法求最大公约数的递归调用

递归程序结构清楚，但是递归程序的效率往往很低，费时又费内存空间。在递归调用的过程当中，系统为每一层的返回点、局部量等开辟了栈来存储。递归次数过多容易造成栈溢出等。

【**例 7.12**】 用递归算法求 Fibonacci 数列的第 n 项。
```
#include <stdio.h>
void main( )
{ int fun(int); /*函数声明，由于是整型函数，因此可省略此行！ */
  int x;
  x=fun(6);
  printf("%d\n",x);  }
int fun(int n)
{if (n==1||n==2)     return(1);
  else     return(fun(n-1)+fun(n-2));
}
```
fun()函数有一个 int 型参数 n，第一次调用该函数时，n 为 6，即 fun(6)。递归过程如下：
由于 n 为 6，不满足 n==1||n==2 的条件，于是 fun(6)可以表示为：
$$fun(6) \longrightarrow fun(5)+fun(4)$$
即 fun(6)返回值表示为 fun(5)的返回值加上 fun(4)的返回值。
同理：
$$fun(5) \longrightarrow fun(4)+fun(3)$$
$$fun(4) \longrightarrow fun(3)+fun(2)$$
$$fun(3) \longrightarrow fun(2)+fun(1)$$
由递归结束条件知，fun(2)或 fun(1)的返回值都为 1。于是可知：

fun(3) —→ 1+1，即 fun(3)的返回值为 2；

fun(4) —→ 2+1，即 fun(4)的返回值为 3；

fun(5) —→ 3+2，即 fun(5)的返回值为 5；

fun(6) —→ 5+3，即 fun(6)的返回值为 8。

所以，该程序的输出结果为 8。

有些问题若不用递归算法实现将使程序相当烦琐，典型的问题是 Hanoi 塔问题。

【例 7.13】 Hanoi 塔问题。

分析：这是一个典型的用递归方法来解决的问题。问题是这样的：有三根针 A、B、C，A 针上有 64 个盘子，盘子大小不等，大的在下，小的在上。要求把这 64 个盘子从 A 针移到 C 针，在移动过程中可以借助 B 针，每次只允许移动一个盘子，且在移动过程中在三根针上都保持大盘在下，小盘在上。要求编程序打印出移动的步骤。

将 n 个盘子从 A 针移到 C 针可以分解为以下三个步骤：

① 将 A 上 n−1 个盘借助 C 针先移到 B 针上。

② 把 A 针上剩下的一个盘移到 C 针上。

③ 将 n−1 个盘子从 B 针借助 A 针移到 C 针上。

例如，要想将 A 针上 3 个盘子移到 C 针上，可以分解为以下三步：

① 将 A 针上 2 个盘子移到 B 针上（借助 C）。

② 将 A 针上 1 个盘子移到 C 针上。

③ 将 B 针上 2 个盘子移到 C 针上（借助 A）。

其中，第②步可以直接实现。

第①步又可用递归方法分解为：

a. 将 A 上 1 个盘子从 A 移到 C。

b. 将 A 上 1 个盘子从 A 移到 B。

c. 将 C 上 1 个盘子从 C 移到 B。

第③步可以分解为：

a. 将 B 上 1 个盘子从 B 移到 A。

b. 将 B 上 1 个盘子从 B 移到 C。

c. 将 A 上 1 个盘子从 A 移到 C。

将以上综合起来，可得到移动的步骤为：

$$A→C，A→B，C→B，A→C，B→A，B→C，A→C$$

上面第①步和第③步，都是把 n−1 个盘子从一个针移到另一个针，采取的办法是一样的，只是针的名字不同而已。为使之一般化，可以将第①步和第③步表示为：将 one 针上 n−1 个盘移到 two 针，借助 three 针。

只是在第①步和第③步中，one、two、three 和 A、B、C 的对应关系不同。对第①步，对应关系是：one——A，two——B，three——C。对第③步，对应关系是：one——B，two——C，three——A。因此，可以把上面三个步骤分成两类操作：

第 1 类：将 n−1 个盘子从一个针移到另一个针（n＞1）。这是一个递归的过程。

第 2 类：将 1 个盘子从一个针移到另一个针。

下面编写程序。分别用两个函数实现以上的两类操作，用 hanoi 函数实现上面第 1 类操作，用 move 函数实现上面第 2 类操作，hanoi（n，one，two，three）表示将 n 个盘子从 one

针移到 three 针，借助 two 针。move（getone，putone）表示将 1 个盘子从 getone 针移到 putone 针。getone 和 putone 也代表 A、B、C 针之一，根据每次不同情况分别取 A、B、C 代入。

程序如下：

```
void  move ( char getone,char putone )
{     printf("%c->%c\n",getone,putone);    }
void  hanoi ( int n,char one ,char two,char three ) /* 将 n 个盘从 one 借助 two,移到 three */
{
    if ( n==1 )  move(one,three);
    else
      { hanoi ( n-1,one,three,two );
        move ( one,three ):
        hanoi ( n-1 ,two, one,three );
      }
}
void main( )
  { int m;
    printf("input the number of diskes  : ");
    scanf ( "%d",&m );
    printf ( "The step to moving %3d  diskes: \n",m );
    hanoi ( m,'A','B','C' );
  }
```

程序的运行结果如下：

```
input the number of diskes:  3 ✓
The step to moving 3 diskes:
A ——→ C
A ——→ B
C ——→ B
A ——→ C
B ——→ A
B ——→ C
A ——→ C
```

由于篇幅关系，不再对上述程序做过多解释，请读者仔细理解。

7.4　指针变量在函数中的应用

7.4.1　指针变量作为函数参数

函数的参数不仅可以是整型、实型、字符型等，还可以是指针类型。指针变量的作用是将一个变量的地址值传送到被调函数中，这时要求被调函数的形参必须是与实参类型相匹配的指针变量（如例 7.5）。请分析一下下面的程序和例 7.5 有哪些不同。

【例 7.14】　将例 7.5 做以下改动，观察并分析原因。

```
void swap ( int  *p1, int  *p2 )  /* 定义函数*/
{int *c;
```

```
    c=p1;p1=p2;p2=c;
    printf("(1)a=%d,b=%d\n",*p1,*p2);
}
void main()
{int a=12,b=25;
    swap(&a,&b);                    /* 调用函数*/
    printf("(2)a=%d,b=%d\n",a,b);
}
```

运行该程序后其输出结果如下：

(1) a=25,b=12

(2) a=12,b=25

程序说明如下：从结果我们看出被调用函数中的两个形参指针变量 p1、p2 的值进行了交换，即 p1、p2 由原来的分别指向 a、b 变成了分别指向 b、a，而它们所指向的变量 a、b（主函数中的变量）的值并没有发生任何变化。为了叙述上的方便，我们把原来的形参 a、b 分别用 p1 和 p2 来表示，如图 7.3 所示。

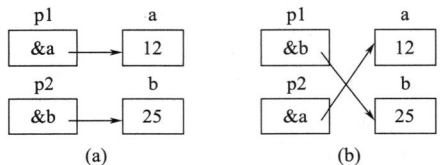

图 7.3　例 7.14 变量内容变化示意图

7.4.2　数组作为函数参数

数组可以作为函数的参数使用进行数据传送。数组用作函数参数有两种形式：一种是把数组元素（下标变量）作为实参使用；另一种是把数组名作为函数的形参和实参使用。

（1）数组元素作函数实参

数组元素就是下标变量，它与普通变量并无区别。因此它作为函数实参使用与普通变量是完全相同的，在发生函数调用时，把作为实参的数组元素的值传送给形参，实现单向的值传送。

【例 7.15】 从键盘上输入两个字符串，不用字符串函数 strcmp()比较二者大小。

分析：

① 输入两个字符串，分别存放在字符数组 str1、str2 中；

② 用循环语句依次比较两个字符串的对应字符；

③ 用自定义函数 compstr 比较两个字符，返回被比较两个字符的 ASCII 码差值 flag；

④ 只要有一个字符串结束或 flag 不为 0，则循环比较结束。

程序：

```
#include <stdio.h>
void main()
{ int i=0,flag;
      int compstr(char, char );
      char str1 [80 ],str2 [80 ];
      gets(str1);  gets(str2);
do{
    flag=compstr(str1[i],str2[i]); /*两个字符数组元素作实参,函数返回字符 ASCII 码之差*/
    i++;
}while((str1 [i ]! ='\0')&&(str2 [i ]! ='\0')&&(flag==0));
```

```
                              /*只要有一个字符串到了结尾比较就结束*/
if (flag==0) printf("%s = %s",str1,str2);
else if (flag>0) printf("%s > %s",str1,str2);
      else        printf("%s < %s",str1,str2);
}
int compstr (char c1, char c2)
{ int t;
  t=c1-c2;
  return  t;
}
```

输入：very well↙
　　　very good↙

输出：very well>very good

例中数组元素 str1[i]、str2[i]作实参，将其值分别传给函数 compstr()的形参 c1、c2，函数求两字符的 ASCII 码之差，将函数返回值赋给主函数的变量 flag，循环结束的条件是两字符串至少有一个结束，或者比较字符不相等。当循环结束时 flag 的值为 0 或为第一个不相等的字符的 ASCII 码值之差，由此可以判断出字符串的大小。

（2）数组名作函数参数

数组名就是数组的首地址，而且是一个常量。因此在数组名作函数参数时是地址的传送，也就是说把实参数组的首地址赋予形参数组名。形参数组名取得该首地址之后，也就等于有了实在的数组。实际上是形参数组和实参数组为同一数组，共同拥有一段内存空间。

需要指出的是当用数组名作函数参数时，形参数组名不是常量，而是指针变量，因为只有变量才能被赋值，而且要赋值相容。比如：一维数组名作函数实参时，形参既可以写成一维数组的情形，还可以写成一级指针变量的情形；二维数组名作函数实参时，形参既可以写成二维数组的情形，还可以写成行指针变量的情形。请看下面的例子。

【例 7.16】 数组 a 中存放了一个学生 5 门课程的成绩，求平均成绩。

```
#include <stdio.h>
float average(int *p,int n)
{ int i;
  float ave=0;
  for(i=0;i<n;i++)  ave+=p[i];
  ave/=n;
  return(ave);
}
void main()
{ int a[5],i;
  float avg;
  for(i=0;i<5;i++)
  scanf("%d",&a[i]);
  avg=average(a,5);
  printf("Average=%f",avg);
}
```

输入：68 89 75 92 63↙

程序运行结果如下：

```
Average=77.400000
```

在 main( )函数中使用数组名 a 和元素个数作为实际参数，它表示该数组的首地址。在 average 函数中使用形参指针变量 p 接收数组 a 的地址，用普通变量 n 接收元素个数，则指针变量 p 指向该数组的首地址，然后在 for 循环中，通过下标的变化分别访问数组的每个元素，并进行累加。最后将平均值返回给主调函数，函数的首部还可以定义为 float average(int p[],int n)，形参数组长度可以省略。

【**例 7.17**】 编写函数 fun 实现功能：找出 N×N 矩阵中每列元素中的最大值，并按顺序依次在主调函数中输出各列最大值。

分析：由于是 N×N 矩阵，则必会有 N 个最大值，因此被调用函数应有两个参数，一个是形参二维数组，另一个是形参一维数组。

程序如下：

```c
#include <stdio.h>
#define    N    4
void fun(int   (*a)[N],int   *b)
{
  int i,j;
  for(i=0; i<N; i++)
  { b[i]=a[0][i];
    for(j=1;j<N;j++)
      if(b[i]<=a[j][i])
        b[i]= a[j][i];   /*把每列的最大值放到形参数组 b 中*/
  }
}
void main()
{
  int x[N][N]={{12,5,8,7},{6,1,9,3},
      {1,2,3,4},{2,8,4,3}},y[N],i,j;
  printf("\nThe matrix :\n");
  for(i=0;i<N;i++)
  {
    for(j=0; j<N; j++)
      printf("%4d",x[i][j]); /*输出原数组的第 i 行*/
    printf("\n");      /*输出一行以后换行*/
  }
  fun(x, y);
  printf("\nThe result is:");
  for(i=0; i<N; i++)  printf("%3d",y[i]); /*输出各列最大值*/
  printf("\n");
}
```

本程序中函数 fun 的形参为行指针 a 和一级指针 b，函数首部还可以定义为 void fun(int a[ ][N],int b[])或 void fun(int (*a)[N],int b[])或 void fun(int a[ ][N],int *b)，以上几种写法是等价的，无论写成哪一种，其本质都是把二维数组首地址及一维数组首地址分别传给形参 a 及 b。二维数组首地址及一维数组首地址虽然都是地址，但是接收它们的指针变量的定义方法是不同的，这一点一定要切记！

在被调用函数中，给指针变量 b 所指的内存空间赋予确切的值，返回主函数之后，输出数组 y 的值，而数组 y 在主函数中并未赋值。从运行结果可以看出，被调用函数改变了数组 y 所占内存空间的值，这时在主函数中输出的数组 y 的各个元素值其实就是通过形参 b 改变了的那段内存空间里的值。

用数组名作函数参数时还应注意以下几点：

① 形参数组和实参数组的类型必须匹配，否则将引起错误。

② 形参数组名的实质是指针变量，而不像实参数组名是常量，在调用时，只传送首地址给形参，因此写成形参数组的形式时，数组长度无关紧要。但我们引用形参指针变量所指的内存区域时，注意不要超出实参数组定义的长度，否则将可能导致无法确定的结果，严重时可能使系统瘫痪，所以使用者应予以特别注意。

7.4.3 返回指针值的函数

函数的数据类型决定了函数返回值的数据类型。函数返回值不仅可以是整型、实型、字符型等，还可以是指针类型，即存储某种数据的内存地址。当函数的返回值是地址时，该函数就是指针型函数。

指针型函数声明和定义的一般形式：

数据类型   *函数名()

这里*表示返回值是指针类型，数据类型是该返回值即指针所指向存储空间中存放数据的类型。

在指针型函数中，返回的地址值可以是变量的地址、数组的首地址或指针变量，还可以是后面介绍的结构体、共用体（也叫联合体）等构造数据类型的首地址。

【例 7.18】 查找星期的英文名称。

```
#include <stdio.h>
void main( )
{
char *week_name(int  n);
int x;
printf("input  one number(0-6) ");
scanf("%d",&x);
if(x>=0&&x<=6)
printf("Week No.%2d  is  %s \n",x, week_name(x));
else
printf("input error");
}


char *week_name(int  n)
{
static char a[][10]={ "Sunday","Monday","Tuesday","Wednesday","Thursday",
"Friday","Saturday"};
return  a[n];
}
```

程序运行结果如下：

```
input one number (0-6) 5✓
week No. 5 is Friday
```

在 main( )函数输入整数 x，并以 x 为实参调用 week_name( )函数。week_name( )函数被定义为字符指针型函数，它的功能是对于给定的整数 n，查出 n 所对应星期的英文名称，函数的返回值是该英文名称的存储地址 a[n]。

week_name( )函数中将二维字符数组 a 定义为 static 型。这是因为对于函数内部定义的局部变量或数组（auto 或 register 型），当函数执行 return 语句返回调用函数后，局部变量或数组所占据的存储空间将被释放并重新分配使用，即使它们的地址被返回给调用函数，这些地址中的数据也是无法访问的。因此注意不能将指针型函数内部定义的具有局部作用域数据的地址作为返回值。指针型函数的返回值是指针（地址），当需要把指针型函数中的数据采用地址方式返回时，应该将其定义为 static 类型，因为当把局部变量或数组定义为 static 类型时，虽然作用域不变，但它的生存期将是整个程序，此时调用程序可间接访问该变量或数组。

7.4.4　指向函数的指针

在 C 语言中，函数名表示该函数的存储首地址，即函数的执行入口地址。例如，在程序中定义了以下函数：

```
int  func();
```

则函数名 func 就是该函数的入口地址。当调用函数时，程序流程转移的位置就是函数名给定的入口地址。因此可以把函数名赋予一个指针变量，该指针变量的内容就是该函数的程序代码存储区的首地址。这种指针变量称为指向函数的指针，简称为函数指针。它的定义形式如下：

```
数据类型  (*函数指针名)( );
```

数据类型是指针指向的函数所具有的数据类型，即函数返回值的类型。例如：

```
int  (*pf)();
```

这里定义了一个指针变量 pf，可以用来存储一个函数的存储首地址，该函数是一个 int 型函数，即函数返回值是 int 类型。要注意在函数指针定义中，函数指针名的圆括号绝对不能缺省。例如，若缺省该圆括号就成为下列形式：

```
int   *pf();
```

这样则是定义一个返回值为 int 型数据地址的指针型函数 pf()。

程序中可以给函数指针赋予不同函数的存储地址。当函数指针被赋予某个函数的存储地址后，它就指向该函数。例如：

```
pf=func;
```

则指针变量 pf 指向了函数 func，即指针变量 pf 中存放该函数的入口地址。

当给函数指针赋值后，进行函数的调用时既可以通过函数名，也可以通过函数指针。通过函数指针进行访问目标*运算时，其结果是使程序控制流程转移到指针所指向的地址执行该函数的函数体。函数指针的这一特性与其他数据指针不同，数据指针的*运算访问的是数据。

在 C 语言中，函数指针的主要作用是作为参数在函数间传递函数。在程序中函数也可以作为参数在函数间传递，它传递的是函数的执行地址，或者说传递的是函数的调用控制。当函数在两个函数间传递时，调用函数的实际参数应该是被传递函数的函数名，而被调用函数的形式参数就是接收函数地址的函数指针。

【例 7.19】　函数入口地址作函数参数。

```
#include <stdio.h>
```

```
#include <conio.h>
void main( )
{
int  add(int x,int y);
int  sub(int x,int y);
int  mul(int x,int y);
int ecec(int x,int y,int (*pf)(int x,int y));
int a,b;
printf("input  two  number: ");
scanf("%d,%d",&a,&b);
printf("\na+b=%d\n",ecec(a,b,add)); getch();
printf("a-b=%d\n",ecec(a,b,sub)); getch();
printf("a*b=%d\n",ecec(a,b,mul));getch();
}
int add(int x,int y)
{  return (x+y);
}
int sub(int x,int y)
{  return (x-y);
}
int mul(int  x,int y)
{  return (x*y);
}
int ecec(int x,int y,int (*pf)(int x,int y))
{ int  res;
    res=(* pf)(x,y);
    return res;
}
```

程序运行结果如下：

```
input  two  number:10，5✓
a+b=15
a-b=5
a*b=50
```

程序中定义了 add()、sub()和 mul()三个函数分别求两个整数的和、差和积。另外定义了函数 ecec()用来接收传递的函数，其中，形参变量 pf 为指向函数的指针，并在函数体中通过该指针的*运算调用传递过来的函数。在主函数 main()中分别以函数名 add、sub 和 mul 作为实参来调用 ecec()函数，实现在函数间函数入口地址的传递。

7.5 变量的作用域

所谓变量的作用域是指该变量的有效范围，生存期是指该变量的存在时间，这一节我们讨论变量的作用域，生存期的讨论见 7.6 节。

在讨论函数的形参时曾经提到，形参只在被调用期间才被分配内存单元，调用结束立即释放。这一点表明形参只有在函数内才是有效的，离开该函数就不能再使用了，也就是说形参的作用域仅限于本函数体内。不仅对于形参，C 语言中所有的量都有自己的作用域。变量说明的方式不同，其作用域也不同。C 语言中的变量，按作用范围可分为局部变量和全局变量两种。

7.5.1 局部变量

局部变量也称为内部变量，顾名思义是在函数内部定义的变量，只在函数体内有效，离开该函数后再使用这种变量是非法的。

【例 7.20】 局部变量示例。

```
int f1(int a)          /*函数 f1 内 a、b、c 有效*/
{
int b,c; …
}
int f2(int x)          /*函数 f2 内 x、y、z 有效*/
{
int y,z; …
}
main()                 /*主函数内 m、n 有效*/
{
int m,n; …
}
```

在函数 f1 内定义了三个变量，a 为形参，b、c 为普通变量。在 f1 的范围内 a、b、c 有效，或者说 a、b、c 变量的作用域限于 f1 内。同理，x、y、z 的作用域限于 f2 内。m、n 的作用域限于 main 函数内。关于局部变量的作用域还要说明以下几点：

① main 函数中定义的变量 m、n 也是局部变量，只在主函数中有效，不会因为它们是在主函数中定义的，就可以在整个文件或程序中访问它们。同样地，主函数中也不能使用其他函数定义的变量。

② 形参是属于被调函数的局部变量，实参是属于主调函数的局部变量。

③ 允许在不同的函数中使用相同的变量名，它们代表不同的对象，分配不同的内存单元，互不干扰，也不会发生混淆。如在前面例 7.4 中，形参和实参的变量名都为 a、b，是完全允许的。

④ 在复合语句中也可定义变量，其作用域只在复合语句范围内。

【例 7.21】 复合语句中使用局部变量。

```
#include <stdio.h>
void main()
{  int i=2,j=3,k;
   k=i+j;
   { int k=8;
     printf("%d\n",k);
   }
   printf("%d\n",k);
}
```

本程序在 main 定义了 i、j、k 三个变量，而在复合语句内又定义了一个变量 k，并赋初值为 8。应该注意这两个 k 不是同一个变量。在复合语句外由 main 定义的 k 起作用，而在复合语句内则由在复合语句内定义的 k 起作用。因此程序第 4 行的 k 为 main 所定义，其值应为 5。第 6 行输出 k 值，该行在复合语句内，由复合语句内定义的 k 起作用，其初值为 8，故输出值为 8，第 8 行已在复合语句之外，所以输出 k 值应为 main 所定义的 k，此 k 值由第 4 行已获得为 5，故输出也为 5。

7.5.2 全局变量

全局变量也称为外部变量，也就是说是在函数外部定义的变量。它不属于哪一个函数，它属于一个源程序文件。一般情况下其作用域是从定义处开始一直到整个源程序文件结束。如果在函数内用全局变量的说明符 extern 进行说明，则源程序文件中定义的全局变量从说明处开始有效，在一个函数之前定义的全局变量，在该函数内使用可不再加 extern 说明。

例如：

```
int a,b;          /*外部变量*/
void f1()         /*函数 f1*/
{…}
float x,y;        /*外部变量*/
int fz()          /*函数 fz*/
{…}
main()            /*主函数*/
{…}
```

a、b、x、y 都是在函数外部定义的外部变量，都称为全局变量。但 x、y 定义在函数 f1 之后，而在 f1 内又无对 x、y 的 extern 说明，所以它们在 f1 内无效。a、b 定义在源程序最前面，因此在 f1、f2 及 main 内即使不加说明也可使用，如果想在函数 f1 中使用 x、y，则必须在第 3 行的开始处加入"extern   x,y;"，还有一点需要说明的是：当全局变量和局部变量同名时，局部变量起作用，而全局变量失效。为了更好地理解上述内容，请见例 7.22 和例 7.23。

【例 7.22】 编写一个函数，求一个浮点数组中各元素的平均值、最大值和最小值。

```
#include <stdio.h>
float max=0,min=0;
float average(float a[],int n)
{ int i;  float aver,sum=a[0];
  max=min=a[0];
  for(i=1;i<n;i++)
    { if(a[i]>max) max=a[i];
      else if(a[i]<min) min=a[i];
      sum+=a[i];  }
  aver=sum/n;
  return(aver);
}
void main()
{ float t,s[10];
  int i;
  for(i=0;i<10;i++)
    scanf("%f",&s[i]);
```

```
      t=average(s,10);
   printf("max=%f,min=%f,average=%f\n",max,min,t);
}
```

程序运行结果如下：

```
1 2 3 4 5 6 7 8 9 0
max=9.000000,min=0.000000,average=4.500000
```

从上例读者可以看到，在被调用函数 average 中改变了三个变量 aver、max、min 的值，而前面介绍过函数只能有一个返回值，不可能把计算好的三个值都返回给主调函数，而应用全局变量就能把在被调函数改变的全局变量的值拿到主调函数中来使用，像是有多个返回值。

【例 7.23】 外部变量与局部变量同名。

```
#include <stdio.h>
int x=1,y=2;      /* x、y 为全局变量 */
int max(int x, int y)    /* x、y 为局部变量 */
{ int z;
  if(x>y) z=x;
   else z=y;
  return(z);
}
void main()
{ int x=10,z;           /* x、z 为局部变量 */
  z=max(x,y);
  printf("%d",z);
}
```

程序的运行结果如下：

```
10
```

程序中定义了全局变量 x、y，在 max 函数中又定义了 x、y 形参，形参也是局部变量。全局变量 x、y 在 max 函数范围内不起作用。main 函数中定义了一个局部变量 x，因此全局变量 x 在 main 函数范围内不起作用，而全局变量 y 在此范围内有效。因此 max(x,y)相当于 max(10,2)，程序运行后得到的结果为 10。

注意：使用全局变量会增加程序的内存开销，因为全局变量在程序的整个执行过程中都有效，即一直占用内存单元，而不像局部变量那样，在进入所在函数时才开辟存储单元，函数调用结束时便将其释放。使用全局变量还会降低函数的通用性，而且会降低程序的清晰度。建议不要无限制地使用全局变量。

7.6 变量的存储类别

7.6.1 动态存储方式与静态存储方式

在上一节中，从变量的作用域角度将 C 语言中的变量分为局部变量和全局变量两类。实际上，在 C 语言中，变量的定义分为两个方面：一是变量的数据类型，二是变量的存储类别。

变量的数据类型决定变量的取值范围及其操作方法。而变量的存储类别指的是数据在内存中存储的方法，它决定变量的生存期。从变量值存在的时间（即生存期）角度来分，可以分为静态存储方式和动态存储方式。

静态存储方式：是指在程序运行期间分配固定的存储空间的方式。

动态存储方式：是在程序运行期间根据需要动态分配存储空间的方式。

用户存储空间可以分为三个部分，如图 7.4 所示。

① 程序区；

② 静态存储区；

③ 动态存储区。

全局变量全部存放在静态存储区，在程序开始执行时给全局变量分配存储区，程序执行完毕就释放。在程序执行过程中它们占据固定的存储单元，而不动态地进行分配和释放。

用户区

程序区
静态存储区
动态存储区

图 7.4 用户存储空间示意图

动态存储区存放以下数据：

① 函数形式参数；

② 自动变量（未加 static 声明的局部变量）；

③ 函数调用时的现场保护和返回地址。

对以上这些数据，在函数开始调用时分配动态存储空间，函数结束时释放这些空间。

在 C 语言中，每个变量和函数有两个属性：数据类型和数据的存储类别。

7.6.2 auto 变量

函数中的局部变量，如不专门声明为 static 存储类别，都是动态地分配存储空间的，数据存储在动态存储区中。函数中的形参和在函数中定义的变量（包括在复合语句中定义的变量）都属此类，在调用该函数时系统会给它们分配存储空间，在函数调用结束时就自动释放这些存储空间。这类局部变量称为自动变量。自动变量用关键字 auto 作存储类别的声明。

例如：

```
int f(int a)          /*定义 f 函数，a 为参数*/
{auto int b,c=3;      /*定义 b、c 自动变量*/
…
}
```

a 是形参，b、c 是自动变量，对 c 赋初值 3。执行完 f 函数后，自动释放 a、b、c 所占的存储单元。

关键字 auto 可以省略，auto 不写则隐含定为自动存储类别，属于动态存储方式。

7.6.3 用 static 声明局部变量

有时希望函数中的局部变量的值在函数调用结束后不消失而保留原值，这时就应该指定局部变量为静态局部变量，用关键字 static 进行声明。

【例 7.24】 观察静态局部变量的值。

```
#include <stdio.h>
```

```
f(int a)            /*可以省略函数类型但被默认为 int 型或 char 型*/
{auto b=0;          /*int 可以省略，b 默认为 int 型*/
 static c=3;        /* int 可以省略，c 默认为 int 型*/
 b=b+1;
 c=c+1;
 return(a+b+c);
}
void main()
{int a=2,i;
 for(i=0;i<3;i++)
 printf("%d ",f(a));
}
```

程序的输出结果是：

7 8 9

对静态局部变量的说明：

① 静态局部变量属于静态存储类别，在静态存储区内分配存储单元，在程序整个运行期间都不释放。需要强调一点的是主调函数不可以直接引用静态局部变量！自动变量（即动态局部变量）属于动态存储类别，占动态存储空间，函数调用结束后即释放。

② 静态局部变量在编译时赋初值，即只赋初值一次；而对自动变量赋初值是在函数调用时进行，每调用一次函数重新给一次初值，相当于执行一次赋值语句。

③ 如果在定义局部变量时不赋初值，则对静态局部变量来说，编译时自动赋初值 0（对数值型变量）或空字符（对字符变量）。而对自动变量来说，如果不赋初值，则它的值是一个不确定的值。

【例 7.25】 打印 1 到 5 的阶乘值。

```
int fac(int n)
{static int f=1;
 f=f*n;
 return(f);
}
void main()
{int i;
 for(i=1;i<=5;i++)
 printf("%d!=%d\n",i,fac(i));
}
```

程序的输出结果是：

1!=1
2!=2
3!=6
4!=24
5!=120

7.6.4 register 变量

为了提高效率，C 语言允许将局部变量的值放在 CPU 中的寄存器中，这种变量叫寄存器变量，用关键字 register 作声明。

寄存器变量是局部变量，它只适用于 auto 型变量和函数的形式参数。所以，它只能在函数内部定义，它的作用域和生存期同 auto 型变量一样。

寄存器变量定义的一般形式为：

register　数据类型标识符　变量名表;

在计算机中，从内存存取数据要比直接从寄存器中存取数据慢，所以对一些使用特别频繁的变量，可以通过 register 将其定义成寄存器变量，使程序直接从寄存器中存取数据，以提高程序的效率。

由于计算机的寄存器数目有限，并且不同的计算机系统允许使用寄存器的个数不同，所以不宜定义太多的寄存器变量，只能将少量变化频繁的变量定义成寄存器变量，如循环控制变量等。当一函数内定义的寄存器变量的个数超过系统所允许使用的寄存器数时，系统将自动将其作为一般局部变量处理，即仍使用内存单元存放其值，并不提高运行速度。

说明：

① 只有局部自动变量和形式参数可说明为寄存器变量。

② 一个计算机系统中的寄存器的数目是有限的。

③ 不同的系统对 register 的处理不同。

④ 局部静态变量不能定义为寄存器变量。不能写成：

register static int a,b,c;

7.6.5　用 extern 声明外部变量

外部变量（即全局变量）是在函数的外部定义的，它的作用域为从变量定义处到本程序文件的末尾。如果外部变量不在文件的开头定义，其有效的作用范围只限于定义处到文件末尾。如果在定义点之前的函数想引用该外部变量，则应该在引用之前用关键字 extern 对该变量作外部变量声明。表示该变量是一个已经定义的外部变量。有了此声明，就可以从声明处起，合法地使用该外部变量。

【例 7.26】　用 extern 声明外部变量，扩展在程序文件中的作用域。

```
#include <stdio.h>
int hbfun(int x,int y)
{int z;
 z=x>y?x:y;
 return(z);
}
void main()
{extern A,B;
 printf("%d\n",hbfun(A,B));
}
int A=13,B=-8;
```

说明：在本程序文件的最后 1 行定义了外部变量 A、B，但由于外部变量定义的位置在函数 main 之后，因此本来在 main 函数中不能引用外部变量 A、B，现在我们在 main 函数中用 extern 对 A 和 B 进行了外部变量声明，就可以从声明处起，合法地使用该外部变量 A 和 B。

在线习题

第 7 章视频微课二维码

使用方法：使用手机扫描下方二维码可以获得教师授课视频，用于课后学习、巩固课堂讲授内容。

第8章
编译预处理

编译预处理是以"#"开头的一些命令，如包含命令#include、宏定义命令#define 等，预处理是指在源程序正式编译之前所做的工作。预处理是 C 语言的一个重要功能，它由专门的预处理程序负责完成。

编译预处理是由编译系统中的预处理命令进行的，这是 C 语言的一个重要特点。它能改善程序设计环境，有助于编写易移植、易调试的程序，也是模块化程序设计的一个工具。

C 语言的编译预处理功能主要有宏定义、文件包含、条件编译等。本章介绍常用的几种预处理功能。

8.1 宏定义

宏定义是指用一个标识符来表示一个字符串，标识符称为宏名。在编译预处理时，把程序文件中在该宏定义之后出现的所有宏名，都用宏定义中的字符串去代换，这个过程称为宏替换。

在 C 语言中，宏分为有参数和无参数两种。下面分别讨论这两种宏的定义和调用。

8.1.1 无参宏定义

所谓无参宏就是宏名后不带任何参数。其定义的一般形式为：

```
#define 标识符 字符串
```

由"#"开始的命令为预处理命令，"define"为宏定义命令，"标识符"为定义的宏名，"字符串"可以是常数、表达式、格式串等。

在前面已经介绍过的符号常量的定义就是一种无参宏定义，例如：

```
#define PI 3.1415926
```

此外，对程序中反复使用的表达式进行宏定义,给程序的书写将带来很大的方便，例如：

```
#define N (2*a+2*a*a)
```

在编写源程序时，所有的(2*a+2*a*a)都可由 N 代替，而对源程序编译时，将先由预处理程序进行宏替换，即用(2*a+2*a*a)表达式去置换所有的宏名 N，然后再进行编译。

【例 8.1】 对表达式进行宏定义。

```
#define N  (2*a+2*a*a)
void  main()
{
  int s,a;
  scanf("%d",&a);
  s=N+N*N;
  printf("s=%d\n",s);
}
```

上例程序中首先进行宏定义，定义 N 来替代表达式(2*a+2*a*a)，在 s= N+N*N 中做了宏调用。在预处理时经宏展开后该语句变为：

$$s=(2*a+2*a*a)+ (2*a+2*a*a)* (2*a+2*a*a)$$

注意：在宏定义中表达式(2*a+2*a*a)两边的括号不能少。

对于宏定义还要说明以下几点：

① 宏名的前后应有空格，以便准确地辨认宏名，如果没有留空格，则程序运行结果会出错。

② 宏定义是用宏名来表示一个字符串，这只是一种简单的替换，字符串中可以含任何字符，可以是常数，也可以是表达式，预处理程序对它不做任何检查。如有错误，只能在编译已被宏展开后的源程序时发现。

③ 习惯上宏名用大写字母表示，以便于与变量区别。但也允许用小写字母。

④ 宏定义不是语句，在行末不必加分号，如加上分号则连分号也一起置换。

⑤ 宏定义必须写在函数之外，其有效范围为宏定义命令起到源程序结束。

⑥ 可以使用# undef 命令终止宏定义的作用域。

【例 8.2】 宏定义的作用域。

```
#define M 10
void main()
{
    ...
}
#undef M
f1()
{
    ...
}
```

表示 M 在 main 函数中有效，在 f1 中无效。

⑦ 宏名在源程序中若用引号括起来，则预处理程序不对其做宏替换。

【例 8.3】 不进行替换的宏名。

```
#define  L  80
void main()
{
  printf("L");
  printf("\n");
}
```

上例中定义宏名 L 是 80，在 printf 语句中 L 用引号括起来，因此不做宏替换。程序的运行结果为"L"，表示把 L 当字符处理。

⑧ 在进行宏定义时，可以使用已经定义的宏名。在宏展开时由预处理程序层层代换。
例如：

```
#define  PI  3.1415926
#define  S  PI*r*r          /* PI 是已定义的宏名*/
```

对语句：

```
printf("%f",S);
```

在宏替换后变为：

```
printf("%f",3.1415926*r*r);
```

⑨ 对输出格式做宏定义，可以减少书写麻烦。

【例 8.4】 宏的嵌套。

```
#define P printf
#define D "%d\n"
#define F "%f\n"
void main()
{
  int a=5, c=8, e=11;
  float b=3.8, d=9.7, f=21.08;
  P(D F,a,b);
  P(D F,c,d);
  P(D F,e,f);
}
```

8.1.2 带参宏定义

C 语言允许宏带有参数。在宏定义中的参数称为形式参数，在宏调用中的参数称为实际参数。

对带参数的宏，在调用中，不仅要宏展开，而且要用实参去替换形参。

带参宏定义的一般形式为：

```
#define  宏名(形式参数表)  字符串
```

其中，形式参数称为宏名的形式参数，简称形参，构成宏体的字符串中应该包含所指的形式参数，宏名与后续括号之间不能留空格。

例如：

```
#define  SR(n)   n*n
#define  DR(a, b)   a+b
```

对于带参数的宏，调用时必须使用参数，这些参数称为实际参数，简称实参。带参宏调用的一般形式为：

```
宏名(实参表);
```

例如，源程序中可以使用如下宏调用：

```
x1=SR(6)
x2=SR(x+y)
y1=DR(3,4)
y2=DR(a+b,b+c)
```

宏调用时，其实参的个数与次序应与宏定义时的形参一一对应，且实参必须有确定的值。

【例 8.5】 求 a、b 两个数中的较大者。

```
#define  MAX(a,b)  (a>b)?a:b
void main()
{
  int a,b,c,max;
  scanf("%d%d",&a,&b);
  max=MAX(a,b);
  printf("max=%d\n",max);
}
```

程序运行结果：

```
3  5✓
max=5
```

上例程序的第一行进行带参宏定义，用宏名 MAX 表示条件表达式(a>b)?a:b，形参 a、b 均出现在条件表达式中。程序第六行 max=MAX(a,b)为宏调用，实参 a、b 将替换形参 a、b。

对于带参宏的定义有以下问题需要说明：

① 带参宏定义中，宏名和形参表之间不能有空格出现。如#define   SR   (n)   n*n，编译预处理程序将把宏名的参数与宏体都看成是宏体，在展开后编译出错。

② 在带参宏定义中，形式参数是字符，不分配内存单元，不需说明类型。而宏调用中的实参有具体的值。要用它们去替换形参，因此必须做类型说明。这是与函数中的情况不同的。在函数中，形参和实参是两个不同的量，各有自己的作用域，调用时要把实参值赋予形参，进行值传递。

③ 在宏定义中的形参是标识符，而宏调用中的实参可以是表达式。

【例 8.6】 带参宏的定义（参数有括号）。

```
#define SA(x)  (x)*(x)
void main()
{
  int a,s;
  scanf("%d",&a);
  s=SA(a+1);
  printf("s=%d\n",s);
}
```

运行结果为：

```
3✓
s=16
```

上例中第一行为宏定义，形参为 x。程序第六行宏调用中实参为 a+1，是一个表达式。在宏展开时，用 a+1 替换 x，再用(x)*(x)替换 SA，得到如下语句：

```
s=(a+1)*(a+1);
```

这与函数的调用是不同的，函数调用时要把实参表达式的值求出来再赋予形参。而宏替换中对实参表达式不计算直接原样替换。

④ 在宏定义中，字符串内的形参通常要用括号括起来以避免出错。如果去掉括号，把程序改为以下形式：

【例 8.7】 带参宏的定义（参数无括号）。

```
#define  SA(x)  x*x
```

```
void main()
{
  int a,s;
  scanf("%d",&a);
  s=SA(a+1);
  printf("s=%d\n",s);
}
```

运行结果为：

3✓

s=7

同样输入 3，但结果却是不一样的。这是由于替换只做符号替换而不做其他处理而造成的。宏替换后将得到以下语句：

s=a+1*a+1;

由于 a 为 3 故 s 的值为 7，因此参数两边的括号是不能少的。

⑤ 带参宏和带参函数很相似，但有本质上的不同，除上面已谈到的各点外，把同一表达式用函数处理与用宏处理两者的结果有可能是不同的。

【例 8.8】 函数处理表达式。

```
#include <stdio.h>
void main()
{
  int i=1;
  while(i<=5)
    printf("%d\n",B(i++));
}
B(int x)
{
  return((x)*(x));
}
```

程序的运行结果：

1

4

9

16

25

【例 8.9】 宏处理表达式。

```
#define B(x) ((x)*(x))
#include <stdio.h>
void main()
{
  int i=1;
  while(i<=5)
    printf("%d\n",B(i++));
}
```

程序的运行结果为：

1

9

25

在例 8.8 中函数名为 B，形参为 x，函数体表达式为((x)*(x))。在例 8.9 中宏名为 B，形参也为 x，字符串表达式为((x)*(x))。例 8.8 的函数调用为 B(i++)，例 8.9 的宏调用为 B(i++)，实参也是相同的。从输出结果来看，却大不相同。

分析如下：在例 8.8 中，函数调用是把实参 i 值传给形参 x 后自增 1。然后输出函数值。因而要循环 5 次。输出 1～5 的平方值。而在例 8.9 中，宏调用时，只做替换。B(i++)被替换为((i++)*(i++))。在第一次循环时，由于 i 等于 1，其计算过程为：表达式中 i 的初值为 1，先进行 1*1 的运算并输出结果 1，然后 i 两次自增 1 变为 3。第二次循环时，i 值已为 3，因此表达式先进行 i*i 的运算并输出结果 9，然后 i 再两次自增 1 变为 5。进入第三次循环时，由于 i 值已为 5，因此表达式先进行 i*i 的运算并输出结果 25，然后 i 再两次自增 1 变为 7，此时表达式 i<=5 已经不成立，循环结束。

从以上分析可以看出函数调用和宏调用二者在形式上相似，在本质上是完全不同的。

8.2 文件包含

在前面各章中使用系统函数时，已经使用了文件包含命令。文件包含是 C 语言预处理程序的另一个重要功能。

文件包含命令行的一般形式为：

```
#include"文件名"
```

include 文件包含命令的功能是把指定的文件插入该命令行位置取代该命令行，从而把指定的文件和当前的源程序文件连成一个源文件。文件应使用双引号或尖括号 "<" 和 ">" 括起来。例如：

```
#include"stdio.h"
#include <math.h>
```

在程序设计中，文件包含可以节省程序设计人员的重复劳动。有些公用的符号常量或宏定义等可单独组成一个文件，在其他文件的开头用包含命令包含该文件即可使用，从而节省时间，并减少出错。

对文件包含命令还要说明以下几点：

① 包含命令中的文件名可以用双引号括起来，也可以用尖括号括起来。例如以下写法都是允许的：

```
#include"string.h"
#include<string.h>
```

但是这两种形式是有区别的：使用尖括号表示在包含文件目录中去查找(包含目录是由用户在设置环境时设置的)，而不在源文件目录去查找；使用双引号则表示首先在当前的源文件目录中查找，若未找到才到包含文件目录中去查找。用户编程时可根据自己文件所在的目录来选择某一种命令形式。

② 一个 include 命令只能指定一个被包含文件，若有多个文件要包含，则需用多个 include 命令。

③ 文件包含命令也允许嵌套到其他文件中。

在线习题

第 8 章视频微课二维码

使用方法：使用手机扫描下方二维码可以获得教师授课视频，用于课后学习、巩固课堂讲授内容。

第9章
结构体与共用体

前面的章节已经介绍了数据的基本类型，如整型、实型、字符型，还介绍了一种构造数据类型——数组，数组中的各元素属于同一个类型。

但是在实际问题中，一组相关数据往往具有不同的数据类型。例如，在学生登记表中，姓名应为字符型，学号可为整型或字符型，年龄应为整型，性别应为字符型，成绩可为整型或实型。显然不能用一个数组来存放这样的一组数据。为了将这组具有不同数据类型，但相互关联的数据组合成一个有机整体使用，C 语言提供了另一种构造数据类型——结构体，它相当于其他高级语言中的"记录"。

9.1 结构体类型的定义

结构体由若干成员组成，各成员可有不同的类型。在程序中要使用结构体类型，必须先对结构体的组成进行描述（定义）。

结构体类型的定义形式为：

```
struct  结构体名
{
  成员表列
};
```

说明：

① struct 是定义结构体类型的关键字，不能省略；结构体名是由程序设计者按 C 语言标识符命名规则指定的；"struct 结构体名"称为结构体类型名。

② 成员表列由若干个成员组成，对每个成员也必须做类型说明，其格式与说明一个变量的一般格式相同，即

```
类型名 成员名;
```

③ 结构体类型定义最后的分号不能省略。

例如，学生信息可用结构体定义为：

```
struct student
{
```

```
  int num;              /*学号*/
  char name[20];        /*姓名*/
  char sex;             /*性别*/
  int age;              /*年龄*/
  float score;          /*成绩*/
  char addr[40];        /*家庭住址*/
};
```

上面由程序设计者指定了一个新的结构体类型 struct student，它由 num、name、sex、age、score 和 addr 这 6 个成员组成。需要特别指出的是 struct student 是一个类型名，它和系统提供的标准类型（如 int、char、float 等）一样具有同样的作用，都可以用来定义变量的类型，只不过结构体类型需要由用户自己指定而已。

结构体类型可以嵌套定义，即一个结构体类型中的某些成员又是其他结构体类型，但是这种嵌套不能包含自身，即不能由自己定义自己。

例如，以下定义一个表示日期的结构体类型：

```
struct date
{
  int day;
  int month;
  int year;
};
```

以下定义一个表示学生信息的结构体类型：

```
struct member
{
  int num;
  char name[20];
  char sex;
  struct date birthday;     /* 成员 birthday 为结构体类型 struct date */
  float score;
  char addr[40];
};
```

由此定义的 struct member 结构如图 9.1 所示。

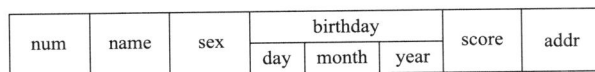

num	name	sex	birthday			score	addr
			day	month	year		

图 9.1　struct member 结构

结构体类型定义只是指定了一种类型（同系统已定义的基本类型，如 int、float、char 等一样），无具体的数据，系统不分配实际内存单元，只有在定义结构体变量时才分配内存空间。

在程序中，结构体的定义可以在一个函数的内部，也可以在所有函数的外部，在函数内部定义的结构体，仅在该函数内部有效，而定义在函数外部的结构体，在所有函数中都可以使用。

9.2 结构体类型变量

9.2.1 结构体变量的定义

结构体类型定义之后,即可进行变量的定义。定义结构体类型的变量,有以下 3 种方法。

(1)先定义结构体类型,再定义结构体变量

它的一般形式为:

```
struct 结构体名 变量名表列;
```

例如,上面已定义了一个结构体类型 struct student,可以用它来定义结构体变量。如:

```
struct student student1, student2;
```

上述语句定义了两个 struct student 类型的变量 student1 和 student2,它们具有 struct student 类型的结构,如图 9.2 所示。系统为定义的结构体变量按照结构定义时的组成,分配存储数据的实际内存单元。结构体变量的成员在内存中占用连续存储区域,所占内存大小为结构体中每个成员的长度之和。

student1	10001	Wang Xin	M	20	89	Beijing

student2	10002	Sun Jing	F	19	92	Tianjin

图 9.2 student1 与 student2 结构

为了使用方便,人们通常用一个符号常量代表一个结构体类型。在程序开头,加上命令:

```
#define STU struct student
```

这样在程序中,STU 与 struct student 完全等效。例如,先定义结构体类型:

```
STU
{
  int num;
  char name[20];
  char sex;
  int age;
  float score;
  char addr[40];
};
```

然后就可以直接用 STU 定义变量。例如:

```
STU  student1,student2;
```

应当注意,将一个变量定义为标准类型(基本数据类型)与定义为结构体类型不同之处在于:后者不仅要求指定变量为结构体类型,而且要求指定为某一特定的结构体类型。例如,对 struct student,不能只指定为 struct 型而不指定结构体名。而在定义变量为整型时,只需指定为 int 型即可。换句话说,可以定义许多种具体的结构体类型。

如果程序规模比较大,往往将对结构体类型的定义集中放到一个以.h 为扩展名的头文件中,哪个源文件需要用到此结构体类型,则可用 include 命令将该头文件包含到本文件中。这样做便于结构体类型的装配、修改及使用。

（2）在定义结构体类型的同时定义结构体变量

它的一般形式为：

```
struct 结构体名
{
    成员表列
} 变量名表列;
```

例如：

```
struct student
{
    int num;
    char name[20];
    char sex;
    int age;
    float score;
    char addr[40];
}student1,student2;
```

它的作用与第一种方法相同,即定义了两个 struct student 类型的变量 student1 和 student2。

（3）直接定义结构体类型变量

它的一般形式为：

```
struct
{
    成员表列
} 变量名表列;
```

第 3 种方法与第 2 种方法的区别在于：第 3 种方法中省去了结构体名，而直接定义结构体变量。这种形式虽然简单，但是无结构体名的结构体类型是无法重复使用的，也就是说，后面的程序中不能再定义此类型的变量。

说明：

① 结构体类型与结构体变量是不同的概念，不要混同。对结构体变量来说，在定义时一般先定义一个结构体类型，然后定义变量为该类型。只能对变量赋值、存取或运算，而不能对一个类型赋值、存取或运算。在编译时，对类型是不分配存储空间的，只对变量分配存储空间。

② 对结构体中的成员，可以单独使用，它的作用与地位相当于普通变量。

③ 结构体成员名可以与程序中的其他变量名相同，二者不代表同一对象。例如，程序中可以另外定义一个变量 num，它与 struct student 的 num 是两回事，互不干扰。

9.2.2　结构体变量的引用

结构体作为若干成员的集合是一个整体，但在使用结构体时，不仅要对结构整体进行操作，而且更多的是要访问结构体中的每个成员。在程序中引用结构体成员的一般形式为：

结构体变量名.成员名

例如，student1.num 表示引用结构体变量 student1 中的 num 成员，因该成员的类型为 int

型，所以可以对它施行任何 int 型变量可以施行的运算。例如：

```
student1.num = 10001;
```

"."是结构体成员运算符，"."操作的优先级在 C 语言中是最高的，其结合性为从左到右。

【例 9.1】 求某同学上学期 8 门课程的总成绩与平均成绩。

```
#include <stdio.h>
#define N 8
struct  st
{
  char  xm[8];
  float s[N];
  float sum,ave;
}stu;
void main()
{
  int  i;
  scanf("%s",stu.xm);              /*输入姓名*/
  for(i=0;i<N;i++)
     scanf("%f",&stu.s[i]);        /*输入各科成绩*/
  stu.sum=0.0;                     /*求总成绩*/
  for(i=0;i<N;i++)
     stu.sum+=stu.s[i];
  stu.ave=stu.sum/N;              /*求平均成绩*/
  printf("%s 的总成绩=%6.2f,平均成绩 =%6.2f",stu.xm,stu.sum,stu.ave);
}
```

程序运行结果：

```
CHEN  80 86 79 98 88 72 96 66✓
CHEN 的总成绩=665.00,平均成绩=83.13
```

说明：

① 对结构体变量进行输入输出时，只能以成员引用的方式进行，不能对结构体变量进行整体的输入输出。例如，已定义 student1 为结构体变量并且它们已有值。不能这样引用：

```
printf("%d,%s,%c,%d,%f,%s\n",student1);
```

② 如果结构体成员本身又属于一个结构体类型，则要用若干个成员运算符，一级一级地找到最低一级的成员，只能对最低级的成员进行赋值或存取以及运算。例如，要使用在前面定义的 **struct member** 类型的变量 stu1，对 stu1 某些成员的访问需要使用如下的引用形式：

```
stu1.birthday.day=23;
stu1.birthday.month=8;
stu1.birthday.year=2003;
```

③ 与其他变量一样，结构体变量成员可以进行各种运算。而作为代表结构整体的结构体变量，要进行整体操作就有很多限制，仅在以下两种情况下，可以把结构体变量作为一个整体来访问：

（a）结构体变量整体赋值，此时必须是同类型的结构体变量。如：

```
student2=student1;
```

该赋值语句将把 student1 变量中各成员的值，对应传送给 student2 变量的同名成员，从而使 student2 具有与 student1 完全相同的值。

（b）取结构体变量地址。如：

```
printf("%x",&student1);    /* 输出 student1 的地址 */
```

通常把结构体变量地址用作函数的参数。

9.2.3　结构体变量的初始化

所谓结构体变量的初始化，就是在定义结构体变量的同时，对其成员赋初值。在初始化时，按照定义的结构体类型的数据结构，依次写出各初始值，在编译时就将它们赋给此变量中的各成员。

【例 9.2】　对结构体变量初始化。

```
#include <stdio.h>
struct stu
{
int num;
char name[20];
char sex;
char addr[40];
}a={1003,"wangli",'M',"Changjiang Road"};
void main()
{
printf("No:%d\nName:%s\nSex:%c\nAddress:%s\n",a.num,a.name,a.sex,a.addr);
}
```

程序运行结果：

```
No:1003
Name:wangli
Sex:M
Address:Changjiang Road
```

9.2.4　结构体变量的输入与输出

C 语言不能把一个结构体变量作为一个整体进行输入或输出，应该按成员变量输入输出。例如，若有一个结构体变量：

```
struct
{
  char name[20];
  char addr[20];
  long  num;
}stud={"wangqiang","123 Beijing Road",3021111};
```

由于变量 stud 包含两个字符串数据和一个长整型数据，因此输出 stud 变量，应该使用如下方式：

```
printf("%s,%s,%ld\n",stud.name,stud.addr,stud.num);
```

输入 stud 变量的各成员值，则用：

```
scanf("%s%s%ld",stud.name,stud.addr,&stud.num);
```

由于成员项 name 和 addr 是字符数组，按%s 字符串格式输入，故不要写成&stud.name 和&stud.addr，而 num 成员是 long 型，故应当用&stud.num。

当然也可以用 gets 函数和 puts 函数输入和输出一个结构体变量中的字符数组成员。例如：

```
gets(stud.name);
puts(stud.name);
```

gets 函数输入一个字符串给 stud.name，puts 函数输出 stud.name 数组中的字符串。

9.3 结构体类型数组

一个结构体变量中可以存放一组数据（如一名学生的学号、姓名、成绩等数据）。如果有 10 名学生的数据需要参加运算和处理，显然应该用数组，这就是结构体数组。结构体数组与以前介绍过的数值型数组不同之处在于每个数组元素都是一个结构体类型的数据，相当于一个结构体变量。

9.3.1 结构体数组的定义

与定义结构体变量的方法相仿，只需说明其为数组即可。例如：

```
struct student
    {
        int num;
        char name[20];
        char sex;
        int age;
        float score;
        char addr[40];
    }
struct student stu[3];
```

以上定义了一个数组 stu，数组有 3 个元素，均为 struct student 类型数据。也可以直接定义一个结构体数组，例如：

```
struct student
    {
        int num;
        char name[20];
        char sex;
        int age;
        float score;
        char addr[40];
    }stu[3];
```

或

```
struct
    {
        int num;
        char name[20];
```

```
    char sex;
    int age;
    float score;
    char addr[40];
}stu[3];
```

数组各元素在内存中连续存放，如图 9.3 所示。

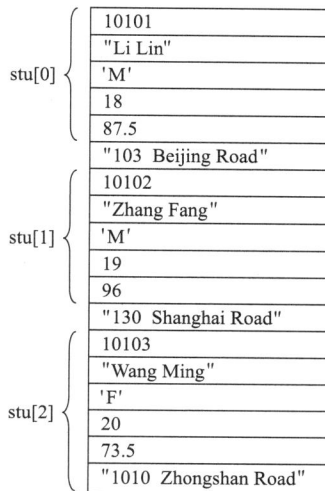

图 9.3　数组各元素在内存中的存放

9.3.2　结构体数组的初始化

在对结构体数组初始化时，要将每个元素的数据分别用花括号括起来。例如：

```
struct student
{
  char name[20];
  long num;
  int age;
  char sex;
  float score;
}students[5]= {
             {"Zhu Dongfen",3021101,18,'M',93},
             {"Zhang Fachong",3021102, 19,'M',90.5},
             {"Wang Peng",3021103, 16,'M',85},
             {"Zhan Hong",3021104, 16,'F',95},
             {"Li Linggou", 3021105,20,'F',67} };
```

这样，在编译时将一个花括号中的数据赋给一个元素，即将第一个花括号中的数据送给 students[0]，第二个花括号中的数据送给 students[1]，……如果赋初值的数据组的个数与定义的数组元素相等，则数组元素个数可以省略不写。这和前面有关章节介绍的数组初始化相类似。此时系统会根据初始化时提供的数据组的个数自动确定数组的大小。如果提供的初始化数据组的个数少于数组元素的个数，则方括号内的元素个数不能省略，例如：

```
struct student
{
    …
}students[5]={{…},{…},{…}};
```

只对前 3 个元素赋初值，其他元素未赋初值，系统将对数值型成员赋以 0，对字符型数据赋以空串即"\0"。

9.3.3　结构体数组的引用

一个结构体数组的元素相当于一个结构体变量。引用结构体数组元素有如下规则：
① 引用某一元素的一个成员。一般方法为：

结构体数组名[元素下标].结构体成员名

例如：

```
students[i].num
```

这是引用序号为 i 的数组元素中的 num 成员。如果数组已如上初始化，且 i=2，则相当于 students[2].num，其值为 3021103。

② 可以将一个结构体数组元素赋给同一结构体类型数组中的另一个元素，或赋给同一类型的变量。例如：

```
struct student students[3],student1;
```

现在定义了一个结构体数组 students，它有 3 个元素，又定义了一个结构体变量 student1，则下面的赋值合法。

```
student1=students[0];
students[2]=students[1];
students[1]=student1;
```

③ 不能把结构体数组元素作为一个整体直接进行输入或输出，只能以单个成员为对象进行输入输出。例如：

```
scanf("%s",students[0].name);
printf("%ld",students[0].num);
```

【例 9.3】 学生的记录由学号和成绩组成，N 名学生的数据已放入结构体数组 s 中。编程实现：按分数的高低排列学生的记录，高分在前。

```
#include <stdio.h>
#define N 10
struct stu
{
char num[10];               /*学生学号*/
int score;                  /*学生成绩*/
};
void main()
{
struct stu s[N]={
                   {"GA002",69},{"GA005",85},{"GA003",76},{"GA004",83},
                   {"GA001",91},{"GA007",72},{"GA008",64},{"GA006",87},
                   {"GA000",99},{"GA009",80}},t;
int i,j;
for(i=0;i<N-1;i++)          /*冒泡法排序,降序*/
  for(j=i+1;j<N;j++)
      if(s[i].score<s[j].score) {t=s[i];s[i]=s[j];s[j]=t;}
for(i=0;i<N;i++)
{
  if(i%4==0)                /*每行输出 4 个学生记录*/
     printf("\n");
     printf("%s %4d ",s[i].num,s[i].score);
}
}
```

程序运行结果：

```
GA000    99 GA001    91 GA006    87 GA005    85
GA004    83 GA009    80 GA003    76 GA007    72
GA002    69 GA008    64
```

本例 struct stu 被定义为外部的类型，这样，同一源文件中的各个函数都可以用它来定义变量，它有两个成员 num 和 score 用来表示学号和成绩。在 main 函数中定义了该类型的结构体变量 t 和结构体数组 s。在 for 语句中，用冒泡法实现按分数从高到低排列学生的记录，然后又在 for 语句中用 printf 函数按分数从高到低输出各学生的记录。

9.4　结构体类型指针

一个结构体变量在内存中占有一段连续的内存空间，可以定义一个指针变量，用来指向这个结构体变量，此时该指针变量的值是所指向结构体变量的首地址。指针变量也可以用来指向结构体数组中的元素。

9.4.1　指向结构体变量的指针

指向结构体变量的指针定义的一般形式为：

```
struct 结构体名 *指针变量名;
```

例如：

```
struct stu *pd,date1;
```

定义指针变量 pd 和结构体变量 date1。其中，指针变量 pd 指向类型为 struct stu 的结构体变量。

当然也可在定义结构体类型 struct stu 的同时定义 pd，与前面讨论的各类指针变量相同，结构体指针变量也必须先赋值后使用。赋值是把结构体变量的首地址赋给该指针变量。例如：

```
pd=&date1
```

使指针 pd 指向结构体变量 date1。

有了结构体指针变量，就能更方便地访问结构体变量的各个成员。

其访问的一般形式为：

```
指针变量->结构体成员名
```

或者

```
(*指针变量).结构体成员名
```

例如，通过 pd 引用结构体变量 date1 的 num 成员，写成 pd->num 或者(*pd).num；引用 date1 的 name 成员，写成 pd->name 或者(*pd).name；等等。

说明：

① "(*指针变量)"表示指针变量所指对象，这里圆括号是必需的，因为运算符"*"的优先级低于运算符"."，如去掉括号写作*pd.num 则等效于*(pd.num),这样，意义就完全不对了。

② 习惯采用指向运算符"->"(由减号和大于号组成)来访问结构体变量的各个成员。

【例 9.4】 写出下列程序的执行结果。

```
#include <stdio.h>
#include <string.h>
struct student
{
  int num;
  char name[20];
  char sex;
  float score;
};
```

```
void main()
{
  struct student stu1,*p;
  p=&stu1;
  stu1.num=10004;
  strcpy(stu1.name,"Li Lin");
  stu1.sex='M';
  stu1.score=89;
  printf("No:%d\nName:%s\nSex:%c\nScore:%f\n",stu1.num,stu1.name,stu1.sex,
         stu1.score);
  printf("No:%d\nName:%s\nSex:%c\nScore:%f\n",(*p).num,(*p).name,(*p).sex,
         (*p).score);
  printf("No:%d\nName:%s\nSex:%c\nScore:%f\n",p->num,p->name,p->sex, p->score);
}
```

程序运行结果：

```
No:10004
Name:Li Lin
Sex:M
Score:89.000000
No:10004
Name:Li Lin
Sex:M
Score:89.000000
No:10004
Name:Li Lin
Sex:M
Score:89.000000
```

本例定义了结构体类型 struct student，然后定义一个 struct student 类型的结构体变量 stu1。同时又定义了一个指针变量 p，它指向一个 struct student 类型的数据。在函数的执行部分，将 stu1 的起始地址赋给指针变量 p，也就是使 p 指向 stu1，然后对 stu1 中的各成员赋值。最后在 printf 函数内用 3 种形式输出 stu1 的各个成员值。从运行结果可以看出：以下 3 种用于表示结构体成员的形式是完全等效的。

```
结构体变量.成员名
(*指针变量).成员名
指针变量->成员名
```

请分析以下几种运算：

p->n：得到 p 指向的结构体变量中的成员 n 的值。

p->n++：得到 p 指向的结构体变量中的成员 n 的值，用完该值后使它加 1。

++p->n：得到 p 指向的结构体变量中的成员 n 的值加 1，然后再使用它。

9.4.2　指向结构体数组的指针

结构体指针变量可以指向一个结构体数组，这时结构体指针变量的值是整个结构体数组的首地址。结构体指针变量也可指向结构体数组的一个元素，这时结构体指针变量的值是该结构体数组元素的首地址。例如，设 p 为指向结构体数组的指针变量，则 p 也指向该结构体数组的第 0 个元素，p+1 指向第 1 个元素，p+i 则指向第 i 个元素，这与普通数组的情况是一致的。

例如：
```
struct
{
  int a;
  float b;
}arr[3],*p;
p=arr;
```

此时使 p 指向 arr 数组的第一个元素，"p=arr;"等价于"p=&arr[0];"。若执行"p++;"则此时指针变量 p 指向 arr[1]，指针指向关系如图 9.4 所示。

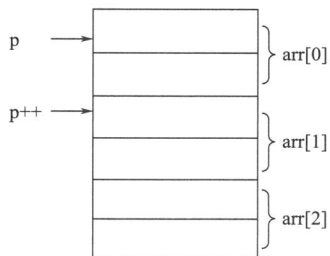

图 9.4　指针指向关系

【例 9.5】　写出下列程序的执行结果。
```
#include <stdio.h>
struct stu
{
  int num;
  char name[20];
  char sex;
  float score;
}stud1[3]={
        {101,"Zhou ping",'M',45},
        {102,"Zhang ping",'M',62.5},
        {103,"Liu fang",'F',92.5}
          };
void main()
{
  struct stu *ps;
  printf("No    Name       Sex    Score\n");
  for(ps=stud1;ps<stud1+3;ps++)
  printf("%-5d %-12s %-6c %f\n",ps->num,ps->name,ps->sex,ps->score);
}
```

程序运行结果：
```
No      Name          Sex      Score
101     Zhou ping     M        45.000000
102     Zhang ping    M        62.500000
103     Liu fang      F        92.500000
```

本程序定义了 struct stu 类型的结构体数组 stud1 并赋初值。在 main 函数内定义 ps 为指向 struct stu 类型数据的指针。在 for 语句中 ps 被赋予 stud1 的首地址，然后循环 3 次，输出 stud1 数组中各成员值。

说明：

① 如果 ps 的初值为 stud1，即指向第一个元素，则 ps 加 1 后 ps 就指向下一个元素。例如：

(++ps)->num：先使 ps 自加 1，然后得到它指向的元素中的 num 成员值（即 102）。

(ps++)->num：先得到 ps->num 的值（即 101），然后使 ps 自加 1，指向 stud1[1]。

② 程序已定义了 ps: 是一个指向 struct stu 类型数据的指针变量,它用来指向一个 struct stu 类型的数据，不应用来指向 stud1 数组元素中的某一成员。也就是说，不允许取一个成员的地址来赋予它。例如：

```
ps=&stud1[1].num;
```

是错误的。只能是：

```
ps=stud1;      /* 赋数组首地址 */
```

或者是：

```
p1=&stud1[0];  /* 赋第 0 号元素首地址 */
```

9.5 结构体与函数

9.5.1 结构体变量作为函数参数

旧的 C 标准不允许用结构体变量作函数参数，只允许指向结构体变量的指针作函数参数，即传递结构体变量的首地址。新的标准以及许多 C 编译系统都允许用结构体变量作为函数参数，即直接将实参结构体变量的各个成员的值全部传递给形参的结构体变量。当然，实参和形参的结构体变量类型应当完全一致。

【例 9.6】 写出下列程序的执行结果。

```c
#include <stdio.h>
struct data
{
  int a, b, c;
};
void main()
{
  void func(struct data parm);
  struct data arg;
  arg.a=27;   arg.b=3;
  arg.c=arg.a+arg.b;
  printf("arg.a=%d arg.b=%d arg.c=%d\n",arg.a,arg.b,arg.c);
  printf("Call Func()....\n");
  func(arg);
  printf("arg.a=%d arg.b=%d arg.c=%d\n",arg.a,arg.b,arg.c);
}
void func(struct data parm)
{
printf("parm.a=%d parm.b=%d parm.c=%d\n",parm.a,parm.b,parm.c);
  printf("Process...\n");
  parm.a=18;     parm.b=5;
  parm.c=parm.a*parm.b;
  printf("parm.a=%d parm.b=%d parm.c=%d\n",parm.a,parm.b,parm.c);
  printf("Return...\n");
}
```

程序运行结果：

```
arg.a=27 arg.b=3 arg.c=30
Call Func()....
parm.a=27 parm.b=3 parm.c=30
Process...
parm.a=18 parm.b=5 parm.c=90
Return...
arg.a=27 arg.b=3 arg.c=30
```

本程序定义了一个结构体类型 struct data，它有 a、b、c 三个成员。定义了一个函数 func，它的形参是 struct data 类型。在 main 函数中，定义了结构体 struct data 类型的变量 arg 作为函数 func 的实参。调用函数 func 时，实参中各成员的值都完整地传递给了形参，实现值传递。

9.5.2　指向结构体变量的指针作为函数参数

在新的 ANSI C 标准中，允许用结构体变量作为函数参数进行整体传递，但是这种传递要将全部成员逐个传递，特别是成员为数组时将会使传递的时间和空间开销很大，严重地降低程序的效率。因此最好的办法就是使用指针，即用指针变量作为函数参数进行传递。这时由实参传向形参的只是地址，从而减少了时间和空间的开销。

【例 9.7】　将例 9.6 修改为用结构体指针变量作为函数参数。

```
#include <stdio.h>
struct data
{
  int a, b, c;
};
void main()
{
  void func(struct data *parm);
  struct data arg;
  arg.a=27;    arg.b=3;
  arg.c=arg.a+arg.b;
  printf("arg.a=%d arg.b=%d arg.c=%d\n",arg.a,arg.b,arg.c);
  printf("Call Func()....\n");
  func(&arg);
  printf("arg.a=%d arg.b=%d arg.c=%d\n",arg.a,arg.b,arg.c);
}
void func(struct data *parm)
{
  printf("parm->a=%d parm->b=%d parm->c=%d\n",parm->a,parm->b,parm->c);
  printf("Process...\n");
  parm->a=18;              parm->b=5;
  parm->c=parm->a*parm->b;
  printf("parm->a=%d parm->b=%d parm->c=%d\n",parm->a,parm->b,parm->c);
  printf("Return...\n");
}
```

程序运行结果：

```
arg.a=27 arg.b=3 arg.c=30
Call Func()....
parm->a=27 parm->b=3 parm->c=30
```

```
Process...
parm->a=18 parm->b=5 parm->c=90
Return...
arg.a=18 arg.b=5 arg.c=90
```

本程序在 main 函数中对 arg 的各成员赋值，然后输出。在调用 func 函数时，用&arg 作实参，&arg 是结构体变量的地址。在调用 func 函数时将该地址传递给形参 parm，这样 parm 就指向了 arg。在 func 函数中首先输出 parm 指向的结构体变量的各个成员值，然后为 parm 各成员赋值、输出，在返回 main 函数后，由于为地址传递，所以再输出的 arg 的成员值即为在 func 函数中被改变的值。

【例 9.8】 学生的记录由学号和成绩组成，*N* 名学生的数据已放入结构体数组 s 中。函数 fun 的功能是把指定范围内的学生数据放在 b 所指的数组中，分数范围内的学生人数由函数值返回。

例如，输入的分数是 60、69，则应把分数在 60～69 之间的学生数据进行输出，包含 60 分和 69 分的学生数据，main 函数中将把 60 放在 low 中，把 69 放在 heigh 中。

```c
#include <stdio.h>
#define N 16
struct stu
{
  char num[10];                   /*学生学号*/
  int score;                      /*学生成绩*/
};
int fun(struct stu *a,struct stu *b,int l,int h)
{
  int k,n=0;
  for(k=0;k<N;k++)
  if(a[k].score>=l&&a[k].score<=h)
  b[n++]=a[k];        /*n用来统计成绩 score 在 l 和 h 范围内的学生人数*/
  return n;
}
void main()
{
  struct stu s[N]={
                     {"GA005",85},{"GA003",76},{"GA002",69},{"GA004",85},
                     {"GA001",96},{"GA007",72},{"GA008",64},{"GA006",87},
                     {"GA015",85},{"GA013",94},{"GA012",64},{"GA014",91},
                     {"GA011",90},{"GA017",64},{"GA018",64},{"GA016",72}};
struct stu h[N];
int i,n,low,heigh,t;
printf("enter 2 integer number low&heigh:");
scanf("%d%d",&low,&heigh);
if(heigh<low)
    {t=heigh;heigh=low;low=t;}
 n=fun(s,h,low,heigh);
 printf("the student's data between %d--%d:\n",low,heigh);
 for(i=0;i<n;i++)
 printf("%s %4d\n",h[i].num,h[i].score);
}
```

程序运行结果:

```
enter 2 integer number low&&heigh:60 69✓
the student's data between 60—69:
GA002 69
GA008 64
GA012 64
GA017 64
GA018 64
```

函数 fun 的功能是从 a 所指的结构体数组 s 中找出成绩 score 在 l 和 h 范围内的学生数据放在 b 所指的数组 h 中,这需要用循环变量 k 对 N 个结构体的成绩 score 判断是否在 l 和 h 之间,是则放入 b 数组中,计数器 n 加 1,然后返回 n。最后在 main 函数中,用 for 语句输出成绩 score 在 low—heigh 范围内的学生数据。

9.5.3　函数的返回值为结构体类型

函数的返回值也可以是结构体类型。

【例 9.9】　写出下列程序的执行结果。

```c
#include <stdio.h>
struct data
{
  int a, b, c;
};
void main()
{
  int i,j;
  struct data input();
  struct data arg[3];
  for(i=0;i<3;i++)
  arg[i]=input();
  printf("output data \n");
  for(j=0;j<3;j++)
  {
  printf("arg[%d].a=%d ",j,arg[j].a);
  printf("arg[%d].b=%d ",j,arg[j].b);
  printf("arg[%d].c=%d ",j,arg[j].c);
  printf("\n");
  }
}
struct data input()
{
  struct data data1;
  printf("input data\n");
  scanf("%d%d%d",&data1.a,&data1.b,&data1.c);
  return data1;
}
```

程序运行结果:
```
input data
```

```
10 20 30✓
input data
40 50 60✓
input data
70 80 90✓
output data
arg[0].a=10 arg[0].b=20 arg[0].c=30
arg[1].a=40 arg[1].b=50 arg[1].c=60
arg[2].a=70 arg[2].b=80 arg[2].c=90
```

函数 input 的功能是输入一个结构体数据，并将输入的结构体数据作为返回值，返回给结构体数组 arg 的第 i 个元素，实现第 i 个结构体数组 arg 元素的数据输入，然后把 arg 数组的各个元素输出。

9.6 链表

前面章节讲述的基本数据类型和自定义的数据类型都是静态的数据结构。静态数据结构所占存储空间的大小是在变量说明时确定的，且在程序执行过程中不能改变。如果大批量的数据可以预先确定，而且以后也不再变动，那么采用静态的数据结构是很合适的。但往往有些情况很难事先确定数据量的大小，或是数据可能经常会添加和删除，对这类情况就应该采用动态的数据结构。

9.6.1 链表概述

链表是最简单也是最常用的一种动态数据结构。它是对动态获得的内存进行组织的一种结构。我们知道，用数组存放数据时，必须事先定义固定的长度（即数组元素个数）。比如，有的班级有 50 人，而有的班级只有 30 人，如果要用同一个数组先后存放不同班级的学生数据，则必须定义长度为 50 的数组。如果事先难以确定一个班的最多人数，则必须把数组长度定义得足够大，以能存放任何班级的学生数据。显然这将会浪费内存空间。链表则没有这种缺陷，它根据需要开辟内存单元。图 9.5 表示最简单的一种链表的结构。

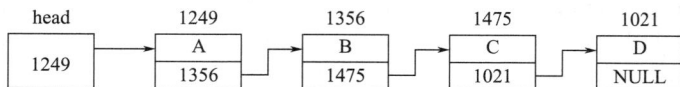

图 9.5　最简单的一种链表结构

链表有一个头指针变量，图中以 head 表示，它存放一个地址。该地址指向一个链表元素。链表中每一个元素称为结点，每个结点都应包括两部分：一是用户需要用的实际数据，二是下一个结点的地址。可以看出，head 指向第一个结点，第一个结点又指向第二个结点，一直到最后一个结点，该结点不再指向其他结点，它称为表尾，它的地址部分放一个 NULL（表示空地址），链表到此结束。

链表中各结点在内存中的存放位置是可以任意的。如果寻找链表中的某一个结点，必须从链表头指针所指的第一个结点开始顺序查找。由于此种链表中每个结点只指向下一个结点，所以从链表中任何一个结点（前驱结点）只能找到它后面的那个结点（后继结点），因此这种链表结构称为单向链表。图 9.5 所示就是一个单向链表。

链表的结点是结构体变量，它包含若干成员，其中有些成员可以是任何类型，如标准类型、数组类型、结构体类型等；另一些成员是指针类型，是用来存放与之相连的结点的地址。单向链表的结点只包含一个这样的指针成员。

下面是一个单向链表结点的类型说明：

```
struct student
{

    long num;
    float score;
    struct student *next;
};
```

其中，成员 num 和 score 用来存放结点中的有用数据，next 是指针类型的成员，它指向 struct student 类型数据（这就是 next 所在的结构体类型）。一个指针类型的成员既可以指向其他类型的结构体数据，也可以指向自己所在结构体类型的数据。用这种方法就可以建立链表，如图 9.6 所示。图 9.6 中链表的每一个结点都是 struct student 类型，它的 next 成员存放下一结点的地址。这种在结构体类型的定义中引用类型名定义自己的成员的方法只允许定义指针时使用。

下面通过一个例子来说明如何建立和输出一个简单链表。

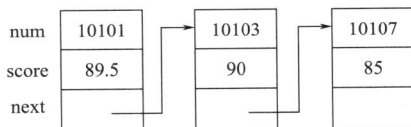

图 9.6　链表

【例 9.10】　建立一个如图 9.6 所示的简单链表，它由 3 个结点组成。输出各结点中的数据。

```
#include <stdio.h>
struct student
{
long num;
float score;
struct student *next;
};
void main()
{
struct student a,b,c,*head,*p;
head=&a;          /*将结点 a 的起始地址赋给头指针 head*/
a.num=10101;a.score=89.5;a.next=&b;
  /*对结点 a 的 num 和 score 成员赋值，将结点 b 的起始地址赋给结点 a 的 next 成员*/
b.num=10103;b.score=90;b.next=&c;
  /*对结点 b 的 num 和 score 成员赋值，将结点 c 的起始地址赋给结点 b 的 next 成员*/
c.num=10107;c.score=85;c.next=NULL;
  /*对结点 c 的 num 和 score 成员赋值，结点 c 的 next 成员不存放其他结点地址*/
p=head;           /*使 p 指针指向结点 a*/
while(p!=NULL)
{
  printf("%ld %5.2f\n",p->num,p->score);        /*输出 p 指向的结点的数据*/
  p=p->next;                                    /*使 p 指针指向下一结点*/
```

```
    }
    }
```

程序运行结果：

```
10101  89.50
10103  90.00
10107  85.00
```

本程序开始时使 head 指向结点 a，a.next 指向结点 b，b.next 指向结点 c，这就构成链表关系。"c.next=NULL" 的作用是使 c.next 不指向任何有用的存储单元。在输出链表时要借助 p，先使 p 指向结点 a，然后输出结点 a 中的数据，"p=p->next" 是为输出下一个结点做准备。p->next 的值是结点 b 的地址，因此执行 "p=p->next" 后 p 就指向结点 b，所以在下一次循环时输出的是结点 b 中的数据。

在此例中，链表的每个结点都是在程序中定义的，由系统在内存中分配固定的存储单元。每个结点不是临时开辟的，也不能用完后释放。从这一角度将称这种链表称为静态链表。在实际中，使用更广泛的是一种动态链表。

9.6.2　处理动态链表所需的函数

前面已经提及，链表结点的存储空间是程序根据需要向系统申请的。C 系统的函数库中提供了程序动态申请和释放内存存储块的库函数，下面分别介绍。

（1）malloc 函数

其函数原型为：

```
void *malloc(unsigned int size)
```

其作用是在内存的动态存储区中分配一个长度为 size 字节的连续空间，并将此存储空间的起始地址作为函数值返回。函数值为指针（地址），这个指针是指向 void 类型的，也就是不规定指向任何具体的类型。如果想将这个指针值赋给其他类型的指针变量，应当进行显式的类型转换（强制类型转换）。例如：

```
malloc(8)
```

用来开辟一个长度为 8 个字节的内存空间，如果系统分配的此段空间的起始地址为 81268，则 malloc(8) 的函数返回值为 81268。如果想把此地址赋给一个指向 long 型的指针变量 p，则应进行以下显式转换：

```
p=(long *)malloc(8);
```

如果内存缺乏足够大的空间进行分配，则 malloc 函数值为空指针（NULL）。

（2）calloc 函数

其函数原型为：

```
void *calloc(unsigned int n,unsigned int size)
```

其作用是分配 n 个长度为 size 字节的连续空间。例如用 calloc(20,30) 可以开辟 20 个、每个长度为 30 字节的空间，即总长为 600 字节。此函数返回值为该空间的首地址。如果分配不成功，则返回 NULL。

（3）free 函数

其函数原型为：

```
void free(void *ptr)
```

其作用是将指针变量 ptr 指向的存储空间释放，即交还给系统，系统可以另行分配作他用。应当强调，ptr 值不能是任意的地址项，而只能是由在程序中执行过的 malloc 或 calloc函数所返回的地址。如果随便写［例 free(100)］是不行的，系统怎么知道释放多大的存储空间呢？下面这样用是可以的：

```
p=(long *)malloc(18);
…
free(p);
```

free 函数把原先开辟的 18 个字节的空间释放，free 函数无返回值。

（4）realloc 函数

该函数用来使已分配的空间改变大小，即重新分配。其函数原型为：

```
void *realloc(void *ptr,unsigned int size)
```

其作用是将 ptr 指向的存储区（是原先用 malloc 函数分配的）的大小改为 size 个字节。可以使原先的分配区扩大或缩小。它的函数返回值是一个指针，即新的存储区的首地址。应当指出，新的首地址不一定与原首地址相同，因为为了增加空间，存储区会进行必要的移动。

ANSI C 标准要求动态分配函数返回 void 指针，但目前有的编译系统提供的这类函数返回 char 指针。无论以上两种情况的哪一种，都需要用强制类型转换的方法把 void 或 char 指针类型转换成所需类型。

ANSI C 标准要求在使用动态分配函数时要用 include 命令将 stdlib.h 文件包含进来。但在目前使用的一些 C 系统中，用的是 malloc.h 而不是 stdlib.h。在使用时应注意本系统的规定，有的系统则不要求包括任何头文件。

9.6.3　链表的基本操作

链表的基本操作包括建立链表、链表结点的插入、删除、输出和查找等。

（1）　建立链表

所谓建立链表是指在程序执行过程中从无到有地建立起一个链表，即一个一个地开辟结点和输入各结点数据，并建立起各结点前后相链的关系。

【例 9.11】　写一函数建立一个有 *n* 名学生数据的单向链表。

具体实现过程如下：

① 首先，定义结构体类型指针变量：

```
struct student *head,*p1,*p2;
```

其中，head 用于指向链表的第一个结点，head 为 NULL 表示链表是空的；p1 用于指向新开辟的结点；p2 用于指向链表的最后一个结点。

② 用 malloc 函数开辟一个结点，并使 p1，p2 指向它。

```
p1=p2=(struct student *) malloc(LEN);
```

③ 从键盘读入一个学生的数据给 p1 所指结点。约定学号不会为零，如果输入的学号为0，则表示建立链表的过程完成。

```
scanf("%ld,%f",&p1->num,&p1->score);
```

④ 如果输入的 p1->num 不等于 0，则输入的是第一个结点数据（n=1），令 head＝p1，

即把 p1 的值赋给 head，也就是使 head 也指向新开辟的结点，p1 指向的新开辟的结点就成为链表中的第一个结点，如图 9.7 所示。

⑤ 再开辟一个结点并使 p1 指向它，并输入该结点的数据。

```
p1=(struct student *)malloc(LEN);
scanf("%ld,%f",&p1->num,&p1->score);
```

如果输入的 p1->num 不等于 0，由于 n≠1，执行 p2->next=p1，使第一个结点的 next 成员指向第二个结点，接着使 p2=p1,也就是使 p2 指向最后一个结点，如图 9.8 所示。

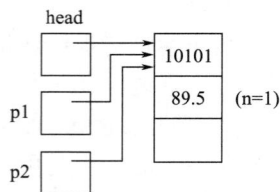

图 9.7　链表建立过程 1

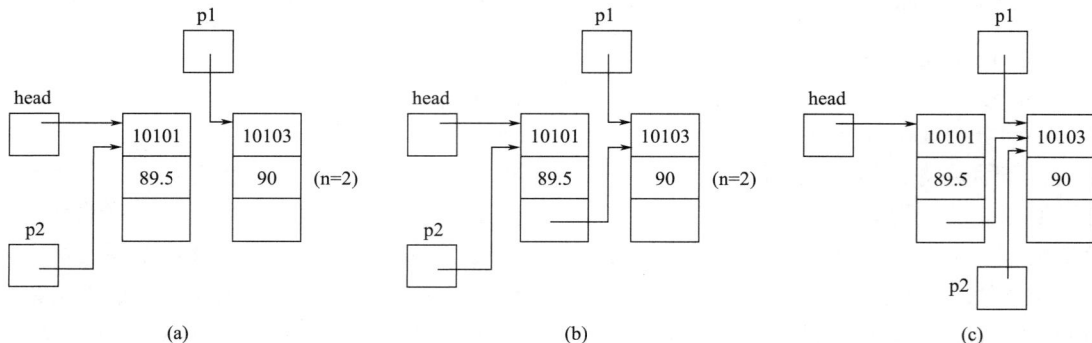

图 9.8　链表建立过程 2

⑥ 重复⑤，建立第三个结点，如图 9.9 所示。

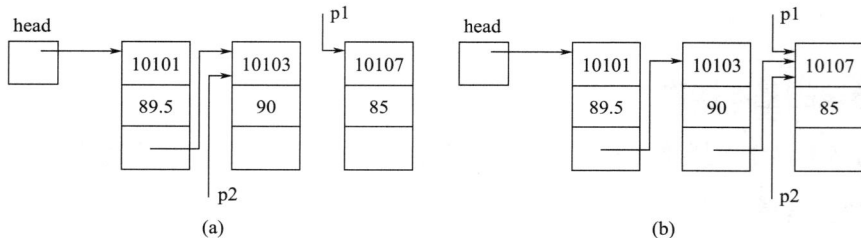

图 9.9　链表建立过程 3

重复⑤继续产生新的结点，当新结点输入的数据 p1->num=0 时，此新结点不被链接到链表中，循环终止。图 9.10 所示是链表建立过程结束时的情形。

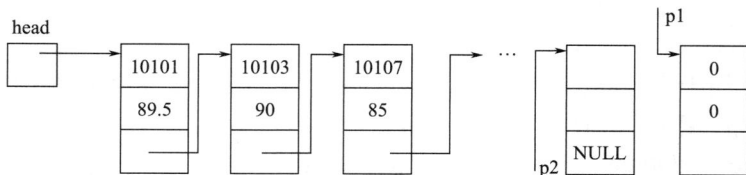

图 9.10　链表建立过程结束时的情形

建立链表的函数 creat 如下：

```
#include <stdio.h>
#include <malloc.h>
#define NULL 0
```

```
#define LEN sizeof(struct student)
struct student
    {
        long num;
        float score;
        struct student *next;
    };
int n;                  /*n 为全局变量, 本文件中各函数均可使用它*/
struct student *creat()      /*此函数带回一个指向链表头的指针*/
    {
     struct student *head;
     struct student *p1,*p2;
     n=0;
     p1=p2=(struct student *) malloc(LEN);      /*开辟一个新单元*/
     scanf("%ld,%f",&p1->num,&p1->score);
     head=NULL;
     while(p1->num!=0)
          {
            n=n+1;
            if(n==1) head=p1;
            else p2->next=p1;
            p2=p1;
            p1=(struct student *)malloc(LEN);
            scanf("%ld,%f",&p1->num,&p1->score);
          }
  p2->next=NULL;
  free(p1);                  /*释放最后一个结点所占内存*/
  return(head);              /*返回链表的头指针*/
}
```

关于函数的说明：

① 第 3 行为 define 命令行，令 NULL 代表 0，用它表示空地址。第 4 行令 LEN 代表 struct student 结构体类型数据的长度，sizeof 是求字节数运算符。

② 第 12 行定义一个 creat 函数，它是指针类型，即此函数带回一个指针值，它指向一个 struct student 类型数据。实际上 creat 函数带回一个链表起始地址。

③ malloc 带回的是不指向任何类型数据的指针（void *）。而 p1、p2 是指向 struct student 类型数据的指针变量，二者指的是不同类型的数据。因此必须用强制类型转换的方法使之类型一致，因此，在 malloc(LEN)之前加了"(struct student *)"，它的作用是使 malloc 返回的指针转换为指向 struct student 类型数据的指针。注意"*"不可省略，否则就会转换成 struct student 类型，而不是指针类型了。

④ 函数返回的是 head 的值，也就是链表的头地址。n 代表结点个数。

⑤ 这个算法的思路是让 p1 指向新开辟的结点，p2 指向链表中最后一个结点，把 p1 所指的结点链接在 p2 所指的结点后面，用"p2->next=p1"来实现。

（2）输出链表

将链表中各结点的数据依次输出。首先要知道链表第一个结点的地址，也就是要知道 head 的值。然后设一个指针变量 p，先指向第一个结点，输出 p 所指的结点中的数据，然后使 p 后移一个结点，再输出，直到链表的尾结点。

输出链表的函数 print 如下：

```
void print(struct student *head)
{
  struct student *p;
  printf("\nNow,These %d records are:\n",n);
  p=head;
  if(head!=NULL)
    do
      {
        printf("%ld %5.1f\n",p->num,p->score);
        p=p->next;
      }while(p!=NULL);
}
```

p 首先指向第一个结点，在输出完第一个结点之后，将 p 原来指向的结点中的 next 值赋给 p（即 p=p->next），而 p->next 的值就是下一个结点的起始地址。将它赋给 p 就是 p 指向下一个结点。

head 的值由实参传过来，也就是将已有的链表的头指针传给被调用的函数，在 print 函数中从 head 所指的第一个结点出发，顺序输出各个结点中的数据。

（3）链表的插入操作

对链表的插入是指将一个结点插入已有的链表中。

仍以例 9.11 为例，若已有一个学生链表，各结点是按其成员 num 的值由小到大顺序排列的，今要插入一个新的结点，要求按学号的顺序插入。该任务可以分解成两个步骤：

① 找到插入点。

② 插入结点。

具体实现过程如下：

① 先用指针变量 p0 指向待插入的结点，p1 指向第一个结点，如图 9.11 所示。

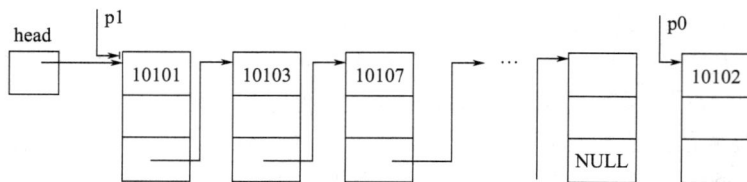

图 9.11 链表的插入 1

② 将 p0->num 与 p1->num 相比较，如果 p0->num＞p1-> num ，则将 p1 后移，并使 p2 指向刚才 p1 所指的结点。如图 9.12 所示。

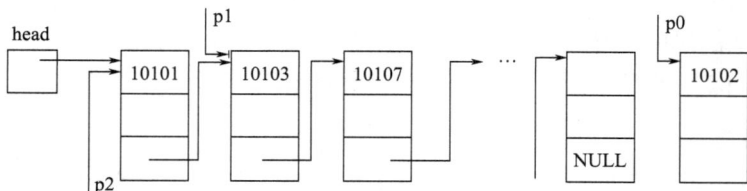

图 9.12 链表的插入 2

③ 再将 p1->num 与 p0->num 比，如果仍然是 p0->num 大，则应使 p1 继续后移，直到 p0->num≤p1-> num 为止。这时将 p0 所指的结点插到 p1 所指结点之前。

④ 可在以下几种不同情况下插入：

（a）若原表是空表，只需使 head 指向被插结点。

（b）如果插入的位置既不在第一个结点之前，又不在表尾结点之后，如图 9.13 所示，则：

```
p2->next=p0;      /*使 p2->next 指向待插入的结点*/
p0->next=p1;      /*使得 p0->next 指向 p1 指向的结点*/
```

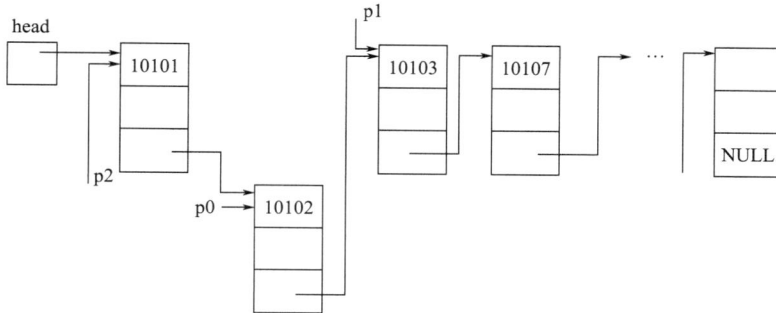

图 9.13　链表的插入 3

（c）如果插入位置在第一个结点之前，如图 9.14 所示，则：

```
head=p0 ;  p0->next=p1;
```

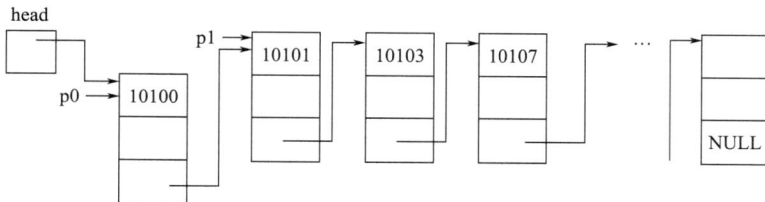

图 9.14　链表的插入 4

（d）如果要插到表尾之后，则：

```
p1->next=p0;  p0->next=NULL;
```

插入结点的函数 insert 如下：

```
struct student *insert(struct student *head,struct student *stud)
{
  struct student *p0,*p1,*p2;
  p1=head;                    /*p1 指向第一个结点*/
  p0=stud;                    /*p0 指向要插入的结点*/
  if(head==NULL)              /*原来是空表*/
    {head=p0;p0->next=NULL;}  /*使 p0 指向的结点作为链表第一个结点*/
else
  {
   while((p0->num>p1->num)&&(p1->next!=NULL))
     { p2=p1;p1=p1->next;}     /*使 p2 指向刚才 p1 指向的结点，p1 后移一个结点*/
       if(p0->num<=p1->num)
```

```
    {
      if(head==p1) head=p0;    /*作为表头*/
      else p2->next=p0;         /*插到 p2 指向的结点之后*/
      p0->next=p1;
    }
  else
    {p1->next=p0;p0->next=NULL;}   /*插到最后的结点之后*/
  }
  n=n+1;                            /*结点数加 1*/
  return(head);
}
```

insert 函数参数是两个结构体类型指针变量 head 和 stud，从实参传来待插入结点的地址传给 stud，语句 p0=stud 的作用是使 p0 指向待插入结点。函数类型是指针类型，函数返回值是链表起始地址 head。

（4）链表的删除操作

从一个链表中删去一个结点，只要改变链接关系即可，即修改结点指针成员的值。

具体实现过程如下。

① 可设两个指针变量 p1 和 p2，先使 p1 指向第一个结点，即

`p1=head;`

如果要删除的不是第一个结点，则将 p1 的值赋给 p2，然后让 p1 指向下一个结点，即

`p2=p1;  p1=p1->next;`

如此一次一次地使 p1 和 p2 后移，直到找到要删的结点或检查完全部链表都找不到要删除的结点为止。

② 如果找到了删除结点，删除一个结点的操作分以下两种情况：

（a）被删除结点是第一个结点。这种情况只需使 head 指向第二个结点即可。即 head=p1->next，如图 9.15 所示。

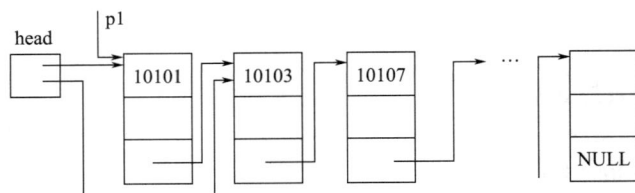

图 9.15　被删除结点是第一个结点

（b）被删除结点不是第一个结点。这种情况使被删结点的前一结点指向被删结点的后一结点即可，即 p2->next=p1->next，如图 9.16 所示。

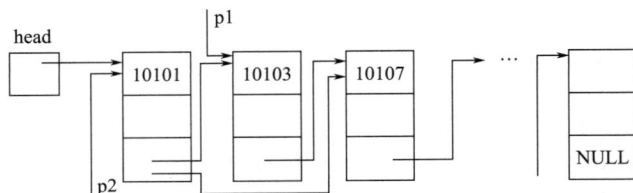

图 9.16　被删除结点不是第一个结点

仍以例 9.11 为例，删除学号为 num 结点的函数 delete 如下：

```
struct student *delete(struct student *head, long num)
{
  struct student *p1,*p2;
  if(head==NULL)
    { printf("\nlist null!\n");  goto end;}      /*链表为空*/
  p1=head;                        /*从头结点开始查找*/
  while(num! =p1->num && p1->next! =NULL)
                                  /* p1 指向的不是要找的结点，并且没有到表尾*/
    {p2=p1; p1=p1->next;}        /*p1 后移一个结点*/
  if (num==p1->num)              /*找到了需删除的结点*/
    {
      if(p1==head)               /* p1 指向的是头结点*/
          head=p1->next;         /* 第二个结点成为新的头结点*/
      else
          p2->next=p1->next;     /*下一结点的地址赋给前一结点*/
      printf("delete:%ld\n",num);
      free(p1);                  /* 释放结点所占内存*/
      n=n-1;                     /*链表结点数减 1*/
    }
  else
      printf("%ld not been found!\n",num);     /* 找不到删除结点*/
  end:  return(head);
}
```

delete 函数的类型是指向 struct student 类型数据的指针，它的返回值是链表的头指针。函数参数为 head 和要删除的学号 num。当删除第一个结点时，head 的值可能在函数执行过程中被改变。

（5）链表的查找操作

链表的查找是指在已知链表中查找值为某指定值的结点。链表的查找过程是从链表的头指针所指的第一个结点出发，顺序查找。若发现有指定值的结点，以指向该结点的指针值为查找结果；若查找至链表结尾，未发现有指定值的结点，查找结果为 NULL，表示链表中没有指定值的结点。

查找一个结点的函数 find 如下：

```
struct student *find(struct student *head,long num)
{
  struct student *p1,*p2;
    if(head==NULL)
      { printf("\nlist null!\n");goto end;}
    p1=head;
    while(p1!=NULL &&num!=p1->num)
      { p2=p1;p1=p1->next;}
    if(p1!=NULL)
        printf("find: %ld %5.2f\n",num, p1->score);
    else
        printf("%ld not been found!\n",num);
```

```
end: return(head);
}
```

find 函数的类型是指向 struct student 类型数据的指针，其返回值是链表的头指针，函数参数为 head 和要查找的学号 num。

（6）对链表的综合操作

【例 9.12】 *N* 名学生的成绩已在 main 函数中被放入一个链表结构中，h 指向链表的头结点。函数 fun 的功能是找出学生的最低分，由函数值返回。

```
#include <stdio.h>
#include <stdlib.h>
#define N 8
#define LEN sizeof(struct slist)
struct slist
{
   double s;
   struct slist *next;
};
double fun(struct slist *h)        /*找出学生的最低分*/
{
double min=h->s;
while(h!=NULL)
{
 if(min>h->s)  min=h->s;
 h=h->next;
}
return min;
}
struct slist *creat(double *s)    /*建立链表*/
{
struct slist *h,*p,*q;
int i;
h=NULL;
for(i=0;i<N;i++)
{
q=(struct slist *)malloc(LEN);
q->s=s[i];
q->next=NULL;
if(h==NULL) h=p=q;
else
{p->next=q;p=q;}
}
return h;                          /*返回链表的首地址*/
}
void outlist(struct slist *h)      /*输出链表*/
{
struct slist *p;
p=h;
printf("head");
```

```
do
{
printf("->%2.0f",p->s);
p=p->next;
}while(p!=NULL);
printf("\n");
}
void main()
{
struct slist *h;
double s[N]={56,89,76,95,91,68,75,85},min;
h=creat(s);
outlist(h);
min=fun(h);
printf("min=%6.1f\n",min);
}
```

程序运行结果：

```
head->56->89->76->95->91->68->75->85
min=  56.0
```

creat 函数的作用是建立链表，依次将 main 函数中数组 s 的各元素值赋给链表中的每个结点的成员 s。outlist 函数的作用是输出链表中各结点的成员 s，先设一个指针变量 p 指向第一个结点，输出 p 所指结点的数据，然后使 p 后移一个结点，再输出，直到链表的尾结点。

fun 函数的作用是找出学生的最低分，根据题意可知，h 是一个指向结构体的指针变量，若要引用它所指向的结构体中的某一成员时，需用指向运算符 "->"。由于是链表，因此要使 h 逐个往后移动，所以要使用语句 h=h->next 来实现。

9.7 共用体

共用体是有别于以前任何一种数据类型的特殊数据类型，它是多个成员的一个组合体，但与结构体不同，共用体的成员被分配在同一段内存空间中，它们的起始地址相同，使得同一段内存由不同变量共享。共同使用这段内存的变量既可以具有相同的数据类型，也可以具有不同的数据类型。

9.7.1 共用体类型与共用体变量

共用体类型的定义形式与结构体类型的定义形式相同，只是其类型关键字不同，共用体的关键字为 union。一般形式为：

```
union  共用体名
{
  成员表列
};
```

例如：

```
union data
{
```

```
    int i;
    char ch;
    float f;
};
```

同定义结构体变量一样，定义共用体变量也有 3 种方式。

（1）先定义共用体类型，再定义共用体变量

例如：

```
union data
{
    int i;
    char ch;
    float f;
};
union data a,b,c;
```

该方式先定义共用体类型 union data，然后定义了 a、b、c 三个共用体变量。

（2）在定义共用体类型的同时定义共用体变量

例如：

```
union data
{
    int i;
    char ch;
    float f;
}a,b,c;
```

（3）直接定义共用体类型变量

例如：

```
union
{
    int i;
    char ch;
    float f;
}a,b,c;
```

说明：

① 结构体变量和共用体变量所占内存的长度是不同的，结构体变量所占内存长度是各成员的内存长度之和，每个成员分别占有自己的内存单元。共用体变量所占的内存的长度等于最长的成员的长度。例如，上面定义的共用体变量 a、b、c 各占 4 个字节（因为一个实型变量占 4 个字节）。

② 共用体变量中的各个成员共占内存中同一段空间，如图 9.17 所示，i、ch、f 都从同一地址开始存储，所以共用体中的空间在某一时刻只能保持某一成员的数据，即向其中一个成员赋值的时候，共用体中其他成员的值也会随之发生改变。

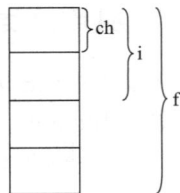

图 9.17　内存空间示意

9.7.2　共用体变量的引用

在定义共用体变量之后，就可以引用该共用体变量的某个成员，引用方式与引用结构体

变量中的成员相似。例如，引用上一节定义的共用体变量 a 的成员：

```
a.i
a.ch
a.f
```

也可以通过指针变量引用共用体变量中的成员，例如：

```
union data *pt,x;
pt=&x;
pt->i=278;
pt->ch='D';
pt->f=5.78;
```

pt 是指向 union data 类型变量的指针变量，先使它指向共用体变量 x。此时 pt->i 相当于 x.i，这和结构体变量中的用法相似。不能直接用共用体变量名进行输入输出。

说明：

① 共用体变量中起作用的成员是最后一次存放的成员，在存入一个新的成员后原有的成员就失去作用，即：共用体变量中的值是最后一次存放的成员的值。例如有以下赋值语句：

```
a.i=278, a.ch='D', a.f=5.78;
```

在完成以上 3 个赋值运算以后，只有 a.f 是有效的，a.i 和 a.ch 已经无意义了。此时用 "printf("%d",a.i);" 是不行的，而用 "printf("%f"a.f);" 是可以的。因为最后一次的赋值是向 a.f 赋值。因此在引用共用体变量时应十分注意当前存放在共用体变量中的究竟是哪个成员。

② 可以对共用体变量进行初始化，但在花括号中只能给出第一个成员的初值。例如下面的说明是正确的：

```
union memo
{
  char ch;
  int i;
  float x;
}y1={'a'};
```

新的 ANSI C 标准允许在两个同类型的共用体变量之间赋值，如果 a、b 均已定义为上面已定义的 union memo 类型，则执行 "b=a;" 后，b 的内容与 a 完全相同。

【例 9.13】　写出下列程序的执行结果。

```
#include <stdio.h>
union exx
{
  int a,b;
  struct
    {int c,d;}lpp;
}e={10};
void main()
{
  e.b=e.a+20;
  e.lpp.c=e.a+e.b;
  e.lpp.d=e.a*e.b;
  printf("%d,%d\n",e.lpp.c,e.lpp.d);
}
```

程序运行结果：
```
60,3600
```

9.7.3 共用体变量的应用

从前面的介绍可知，共用体虽然可以有多个成员，但在某一时刻，只能使用其中的一个成员。共用体一般不单独使用，通常作为结构体的成员，这样结构体可根据不同情况放不同类型的数据。

【例 9.14】 设有若干个人员的数据，其中有学生和教师。学生的数据中包括：姓名、性别、年龄、职业、班级。教师的数据包括：姓名、性别、年龄、职业、职务。可以看出，学生和教师所包含的数据是不同的，现要求把它们放在同一表格中，如图 9.18。

name	sex	age	job	class(班) / position(职务)
Li	F	20	s	501
Wang	M	38	t	prof

图 9.18 学生和教师的数据

算法思路：如果 job 项为 s（学生），则第 5 项为 class（班），即 Li 是 501 班的；如果 job 项为 t（教师），则第 5 项为 position（职务），即 Wang 是 prof（教授）。显然对第 5 项可以用共用体来处理（将 class 和 position 放在同一段内存中）。

```c
#include <stdio.h>
struct
    {
    char name[10];
    char sex;
    int age;
    char job;
    union
    {
      int banji;
      char position[10];
    }category;
    }person[2];          /*先设人数为 2*/
void main()
{
int i;
for(i=0;i<2;i++)
{
scanf(" %s %c %d %c", person[i].name,&person[i].sex, &person[i].age,
&person[i].job);
if(person[i].job =='s')
scanf("%d", &person[i].category.banji);
else if(person[i].job =='t')
scanf("%s", person[i].category.position);
```

```
else printf("Input error!");
}
printf("\n");
printf(" name    sex    age    job    class/position\n");
for(i=0;i<2;i++)
{
if (person[i].job =='s')
printf("%-8s%-6c%-6d%-6c%-6d\n", person[i].name, person[i].sex,person[i].age,
 person[i].job,person[i].category.banji);
else printf("%-8s%-6c%-6d%-6c%-6s\n", person[i].name,person[i].sex,
person[i].age, person[i].job,  person[i].category.position);
}
}
```

程序运行结果：

```
Li F 20 s 501✓
Wang M 38 t prof✓
Name    sex    age    job    calss/position
Li      F      20     s      501
Wang    M      38     t      prof
```

本程序用一个结构体数组 person 来存放人员数据，该结构体共有 5 个成员，其中成员项 category 是一个共用体类型，这个共用体由两个成员组成，一个为整型量 banji，一个为字符数组 position。在程序的第一个 for 语句中，输入人员的各项数据，先输入结构体的前 4 个成员 name、sex、age 和 job，然后判断 job 成员项，如为's'，则对共用体的 category.banji 输入，否则对 category.position 输入。程序的第 2 个 for 语句中，根据 job 的值列表输出。

9.8 枚举类型

在实际问题中，有些量的取值被限定在一个有限的范围内，例如，一个星期内只有 7 天，一年只有 12 个月，等等。把这些量说明为整型、字符型或其他类型是不妥当的。为此，C 语言提供了一种称为"枚举"的类型。在枚举类型的定义中一一列举出所有可能的取值，枚举型量的取值不能超过它定义的范围。

枚举类型定义的一般形式为：

```
enum 枚举类型名{枚举值列表};
```

在枚举值列表中列出所有可用值，这些值称为枚举元素。

例如：

```
enum weekday{sun,mon,tue,wed,thu,fri,sat};
```

定义了一个枚举类型 enum weekday，可以用此类型来定义变量。例如：

```
enum weekday day1,day2;
```

变量 day1 和 day2 被定义为枚举变量，它们的值只能是 sun 到 sat 之一。例如下面的赋值合法：

```
day1=sun;
day2=mon;
```

当然，也可以直接定义枚举变量，例如：

```
enum {sun,mon,tue,wed,thu,fri,sat}day1,day2;
```

针对枚举类型有几点说明：

① enum 是关键字，标识枚举类型，定义枚举类型必须以 enum 开头。

② 在定义枚举类型时花括号中的名字称为枚举元素或枚举常量。它们是程序设计者自己指定的，定名规则与标识符相同。这些名字并无固定的含义，只是一个符号，程序设计者仅仅是为了提高程序的可读性才使用这些名字。

③ 枚举元素是常量，不是变量，不能在程序中用赋值语句再对它赋值。例如：

```
sun=8;mon=9;
```

是错误的。

但枚举元素作为常量，它们是有值的。从花括号的第一个元素开始，值分别是 0，1，2，3，……，这是系统自动赋给的，可以输出。例如"printf("%d",mon);"输出的值是 1。但是定义枚举类型时不能写成"enum weekday{0,1,2,3,4,5,6};"，必须用符号 sun,mon,…,sat 或其他标识符定义。

也可以改变枚举元素的值，在定义时由程序员指定，例如：

```
enum weekday{sun=3,mon,tue,wed,thu,fri=1,sat};
```

此时，sun 为 3，mon 为 4，tue 为 5，wed 为 6，thu 为 7，sat 为 2。因为 mon 在 sun 之后，sun 为 3，mon 顺序加 1，同理 sat 为 2。

④ 枚举常量可以进行比较。例如：

```
if (day1==mon) printf("mon");
if (day1!=sun) printf("it is not sun!");
if (day1>tue) printf("it is wed!");
```

它们是按各自所代表的整数进行比较的。

⑤ 一个枚举变量的值只能是这几个枚举常量之一，可以将枚举常量赋给一个枚举变量，但不能将一个整数赋给它。例如：

```
day1=sun;   /*正确*/
day1=8;     /*错误*/
```

⑥ 枚举常量不是字符串，不能用下面的方法输出字符串"mon"。

```
printf("%s",mon);
```

可以这样输出：

```
day1=mon;
if (day1==mon) printf("mon");
```

【例 9.15】 根据输入星期几，计算出下一天的日期。

```
#include <stdio.h>
#include <string.h>
enum day{sun,mon,tue,wed,thu,fri,sat};       /*定义枚举类型*/
enum day tomorrow(enum day dd)               /*计算明天日期的函数*/
{
enum day nd;
switch(dd)
{
  case sun:nd=mon;break;
  case mon:nd=tue;break;
```

```
    case tue:nd=wed;break;
    case wed:nd=thu;break;
    case thu:nd=fri;break;
    case fri:nd=sat;break;
    case sat:nd=sun;break;
}
return(nd);
}
void main()
{
enum day x,y;
char str[5];
printf("please input current date:");
scanf("%s",str);
if(strcmp(str,"sun")==0)
    x=sun;
else if(strcmp(str,"mon")==0)
    x=mon;
else if(strcmp(str,"tue")==0)
    x=tue;
else if(strcmp(str,"wed")==0)
    x=wed;
else if(strcmp(str,"thu")==0)
    x=thu;
else if(strcmp(str,"fri")==0)
    x=fri;
else if(strcmp(str,"sat")==0)
    x=sat;
y=tomorrow(x);
switch(y)
{
    case sun:printf("tomorrow is sun\n");break;
    case mon:printf("tomorrow is mon\n");break;
    case tue:printf("tomorrow is tue\n");break;
    case wed:printf("tomorrow is wed\n");break;
    case thu:printf("tomorrow is thu\n");break;
    case fri:printf("tomorrow is fri\n");break;
    case sat:printf("tomorrow is sat\n");break;
}
}
```

程序运行结果：

```
please input current date:thu✓
tomorrow is fri
```

9.9 用 typedef 定义类型

除了可以直接使用 C 语言提供的标准类型名（如 int、char、float、double、long 等）和自己定义的结构体、共用体、指针、枚举类型外，还可以用 typedef 定义新的类型名来代替已有的类型名。方法如下。

（1）简单的名字替换

```
typedef int INTEGER;
```

意思是将 int 型定义为 INTEGER，二者等价，在程序中就可以用 INTEGER 作为类型名来定义变量了。例如：

```
INTEGER x,y;
```

相当于

```
int x, y;
```

（2）定义一个类型名代表一个结构体类型

例如：

```
typedef struct
{
  long num;
  char name [20];
  float score;
}STUDENT;
```

定义新类型名 STUDENT，它代表上面指定的一个结构体类型。然后就可以用 STUDENT 定义变量：

```
STUDENT student1,student2,*p;
```

上面定义了两个结构体变量 student1、student2 以及一个指向该类型的指针变量 p。

（3）定义数组类型

例如：

```
typedef int COUNT[20];
COUNT a,b;  /*完全等效于 int a[20],b[20];*/
```

定义 COUNT 为整型数组类型，a、b 为 COUNT 类型的整型数组。

（4）定义指针类型

例如：

```
typedef char *STRING;
STRING p1,p2,p[10];
```

定义 STRING 为字符指针类型，p1、p2 为字符指针变量，p 为字符指针数组。

归纳起来，用 typedef 定义一个新类型名的方法如下：

① 先按定义变量的方法写出定义体（如 "char a[20];"）。

② 将变量名换成新类型名（如 "char NAME[20];"）。

③ 在最前面加上 typedef（如 "typedef char NAME[20];"）。

④ 然后可以用新类型名去定义变量（如 "NAME c,d;"）。

习惯上把用 typedef 定义的类型名用大写字母表示，以便与系统提供的标准类型标识符相区别。

说明：

① 用 typedef 可以定义各种类型名，但不能用来定义变量。

② 用 typedef 只是对已经存在的类型增加一个类型名（别名），而没有创造新的类型。

③ typedef 与 define 有相似之处,例如："typedef int COUNT;"和"#define COUNT int"的作用都是用 COUNT 代表 int。但事实上，它们是不同的：宏定义是由预处理完成的，它只能做简单的字符串替换，而 typedef 则是在编译时完成的，后者更为灵活方便。

④ 当不同源文件中用到同一类型数据时，常用 typedef 定义一些数据类型，把它们单独放在一个文件中，然后在需要用到它们的文件中用 include 命令把它们包括进来。

⑤ 使用 typedef 有利于程序的通用与移植。自定义类型 typedef 向用户提供了一种自定义类型说明符的手段，既照顾了用户编程使用词汇的习惯，又增加了程序的可读性。

在线习题

第 9 章视频微课二维码

使用方法：使用手机扫描下方二维码可以获得教师授课视频，用于课后学习、巩固课堂讲授内容。

第10章

文件

10.1 文件概述

所谓"文件"是指一组驻留在外部介质(如磁盘等)上的相关数据的有序集合。每个文件都有一个文件名，操作系统通过文件名实现对文件的存取操作。从不同的角度可对文件做不同的分类。从用户的角度看，文件可分为普通文件和设备文件两种。

普通文件是指驻留在磁盘或其他外部介质上的一个有序数据集，可以是源文件、目标文件、可执行程序，也可以是一组待输入处理的原始数据，或者是一组输出的结果。源文件、目标文件、可执行程序可以称作程序文件，输入、输出数据可称作数据文件。

设备文件是指与主机相连的各种外部设备，如显示器、打印机、键盘等。在操作系统中，把外部设备也看作一个文件来进行管理，把它们的输入、输出等同于对磁盘文件的读和写。通常把显示器定义为标准输出文件，一般情况下在屏幕上显示有关信息就是向标准输出文件输出。键盘通常被指定为标准的输入文件，从键盘上输入就意味着从标准输入文件上输入数据。

10.1.1 数据文件

按文件的存储形式，数据文件可分为文本文件和二进制文件两种。

文本文件也称 ASCII 码文件，这种文件在磁盘中存放时每个字符对应一个字节，用于存放字符的 ASCII 码。例如，一个 int 类型的整数-1234，在内存中以二进制形式存放，要占 2 个字节，而在文本文件中，它是按书写形式存放的，要占 5 个字节。若要将该数写入文本文件，首先要将内存中 2 个字节的二进制数转换成 5 个字节的 ASCII 码；若要将该数从文本文件读进内存，首先要将这 5 个字符转换成 2 个字节的二进制数。

文本文件的优点是可以直接阅读，而且 ASCII 码标准统一，文件易于移植，其缺点是输入/输出都要进行转换，效率低。

二进制文件是按二进制的编码方式来存放文件的。例如，一个 double 类型的常数 2.0 在内存中及文件中均占 8 个字节。二进制文件也可以看成是有序字符序列，在二进制文件中可以处理包括各种控制字符在内的所有字符。

一般地，二进制文件节省存储空间，输入、输出时不需要进行二进制数与字符代码的转换，因此输入、输出速度快。

输入、输出字符流的开始和结束只由程序控制而不受物理符号（如回车符）控制，因此也把这种文件称作流式文件。

本章讨论流式文件的打开、关闭、读、写、定位等各种操作。

10.1.2　文件的存取方式

程序运行所需要的数据已经以文件的形式保存在外部介质上，程序运行时，就可以从外部文件输入数据，而不必从键盘输入，这一过程称为读或者取文件；程序运行的结果也可以保存在外部介质上，这一过程称为写或者存文件。因此写文件是创建文件的过程，读文件则是使用文件的过程，而且统称文件存取。

C 语言中，文件的存取方式有两种：一种是顺序存取，一种是随机存取。顺序存取是指只能依据先后次序存取文件中的数据；随机存取也称直接存取，可以直接存取文件中指定的数据。

10.1.3　文件指针类型

在标准文件系统中，每个被使用的文件都在内存中开辟一个缓冲区，可以用来存放文件的名字、状态及文件当前位置等信息。而这些信息保存在一个具有 FILE 类型的结构体变量中，用户可以直接使用它。FILE 在 stdio.h 中被定义为如下形式：

```
typedef    struct
  { short level;
    unsigned  flags;
    char   fd;
    unsigned char   hold;
    short  bsize;
    unsigned char  *buffer;
    unsigned char  *curp;
}FILE;
```

利用 FILE 类型，可以定义文件类型的变量即文件指针，通过文件指针就可对它所指的文件进行各种操作。

定义文件指针的一般形式为：

```
FILE *指针变量标识符;
```

例如：

```
FILE *fp;
```

表示 fp 是指向 FILE 结构体类型的指针变量，使用 fp 可以存放一个文件信息，利用这些信息进行对文件的各项操作。

10.1.4　文件操作的步骤

C 语言本身并不提供文件操作的语句，而是由 C 语言编译系统以标准库函数的形式提供对文件操作的支持。所有与文件操作有关的库函数都保存在头文件 stdio.h 中。

文件的创建和使用都需要由程序完成。一般要经过以下三个步骤：

① 打开文件。用标准库函数 fopen 打开文件。

② 文件读写。用文件输入输出函数对文件进行读写。

③ 关闭文件。文件读写完毕，用标准库函数 fclose 将文件关闭，把数据真正写入磁盘，释放文件指针。

10.2 文件的打开与关闭

文件在进行读写操作之前要先打开，使用完毕后要关闭。所谓打开文件，实际上是建立文件的各种有关信息，并使文件指针指向该文件，以便进行其他操作。关闭文件则断开指针与文件之间的联系，也就禁止再对该文件进行操作。

在 C 语言中，文件操作都是由库函数来完成的。在本章将介绍主要的文件操作函数。

10.2.1 文件的打开(fopen 函数)

fopen 函数用来打开一个文件，其调用的一般形式为：

```
文件指针名=fopen(文件名,使用文件方式);
```

其中：

"文件指针名"必须是被说明为 FILE 类型的指针变量；

"文件名"是被打开文件的文件名，用字符串常量或存储字符串的字符数组来表示；

"使用文件方式"是指文件的类型和操作要求。

例如：

```
FILE *fp;
fp=("file1","r");
```

其意义是在当前目录下打开文件 file1，只允许进行读操作，并使 fp 指向该文件。

又如：

```
FILE *fp2
fp2=("d:\\data","rb")
```

其意义是打开 D 盘的根目录下的文件 data，这是一个二进制文件，只允许按二进制方式进行读操作。两个反斜线"\\"中的第一个表示转义字符，第二个表示根目录。

使用文件的方式共有 12 种，表 10.1 给出了它们的符号和意义。

表 10.1 文件使用方式

文件使用方式	意　义
"rt"	只读打开一个文本文件，只允许读数据
"wt"	只写打开或建立一个文本文件，只允许写数据
"at"	追加打开一个文本文件，并在文件末尾写数据
"rb"	只读打开一个二进制文件，只允许读数据
"wb"	只写打开或建立一个二进制文件，只允许写数据
"ab"	追加打开一个二进制文件，并在文件末尾写数据
"rt+"	读写打开一个文本文件，允许读和写
"wt+"	读写打开或建立一个文本文件，允许读写

续表

文件使用方式	意义
"at+"	读写打开一个文本文件，允许读或在文件末追加数据
"rb+"	读写打开一个二进制文件，允许读和写
"wb+"	读写打开或建立一个二进制文件，允许读和写
"ab+"	读写打开一个二进制文件，允许读或在文件末追加数据

对于文件使用方式，有以下几点说明：

① 文件使用方式由 r、w、a、t、b、+六个字符拼成，各字符的含义是：

r(read):　　　　读。

w(write):　　　写。

a(append):　　追加。

t(text):　　　　文本文件，可省略不写。

b(banary):　　二进制文件。

+:　　　　　　读和写。

② 当用"r"打开一个文件时，该文件必须已经存在，且只能从该文件读出。打开文件时，文件指针指向文件开始处，表示从此处读数据，读完一个数据后，指针自动后移。

③ 用"w"打开的文件，只能向该文件写入。若打开的文件不存在，则以指定的文件名建立该文件，若打开的文件已经存在，则将该文件删去，重建一个新文件。

④ 若要向一个已存在的文件追加新的信息，只能用"a"方式打开文件。但此时该文件必须是存在的，否则将会出错。

⑤ 在打开一个文件时，如果出错，fopen 将返回一个空指针值 NULL。在程序中可以用这一信息来判别是否完成打开文件的工作，并做相应的处理。因此常用以下程序段打开文件：

```
if((fp=fopen("d:\\data ","rb"))==NULL)
    {
    printf("\nerror on open d:\data file!");
    getch();
    exit(1);
    }
```

这段程序的意义是，如果返回的指针为空，则表示不能打开 D 盘根目录下的 data 文件，给出提示信息"error on open d:\data file!"。下一行 getch()的功能是从键盘输入一个字符，但不在屏幕上显示。在这里，该行的作用是等待，只有当用户从键盘敲任意键时，程序才继续执行，因此用户可利用这个等待时间阅读出错提示。敲键后执行 exit(1)退出程序。

⑥ 把一个文本文件读入内存时，要将 ASCII 码转换成二进制码，而把文件以文本方式写入磁盘时，也要把二进制码转换成 ASCII 码，因此文本文件的读写要花费较多的转换时间。对二进制文件的读写不存在这种转换。

⑦ 标准输入文件（键盘）、标准输出文件（显示器）、标准出错输出（出错信息）是由系统打开的，用户可直接使用。

10.2.2　文件的关闭（fclose 函数）

文件一旦使用完毕，就需应用关闭文件函数把文件关闭，以避免文件的数据丢失等错误。

fclose 函数调用的一般形式是：

```
fclose(文件指针);
```

例如：

```
fclose(fp);
```

正常完成关闭文件操作时，fclose 函数返回值为 0。如返回非零值则表示有错误发生。

10.3　文件的读写

对文件的读和写是最常用的文件操作。在 C 语言中提供了多种文件读写的函数，常用的有 fgetc、fputc、fgets、fputs、fread、fwrite、fscanf、fprinf 等，下面分别予以介绍。使用以上函数都要求包含头文件 stdio.h。

10.3.1　字符读写函数 fgetc 和 fputc

字符读写函数是以字符(字节)为单位的读写函数。每次可从文件读出或向文件写入一个字符。

（1）读字符函数——fgetc

fgetc 函数的功能是从指定的文件中读一个字符，读取的文件必须是以读或读写方式打开的。函数调用的形式为：

```
字符变量=fgetc(文件指针);
```

例如：

```
ch=fgetc(fp);
```

其意义是从打开的文件 fp 中读取一个字符并送入字符变量 ch 中。

在文件内部有一个位置指针。用来指向文件的当前读写字节。在文件打开时，该指针总是指向文件的第一个字节。使用 fgetc 函数后，该位置指针将向后移动一个字节。因此可连续多次使用 fgetc 函数读取多个字符。

【例 10.1】　读入文件 text1.c，在屏幕上输出。

```
#include<stdio.h>
void main()
{
  FILE *fp;
  char ch;
  if((fp=fopen("d:\\text1.c","rt"))==NULL)
    {
    printf("\nCannot open file strike any key exit!");
    getch();
    exit(1);
    }
  ch=fgetc(fp);
  while(ch!=EOF)
  {
    putchar(ch);
```

```
      ch=fgetc(fp);
    }
   fclose(fp);
  }
```

本例程序的功能是从文件中逐个读取字符，在屏幕上显示。程序定义了文件指针 fp，以读文本文件方式打开文件"d:\\ text1.c"，并使 fp 指向该文件。如打开文件出错，则给出提示并退出程序。程序先读出一个字符，然后进入循环，只要读出的字符不是文件结束标志(每个文件末有一结束标志 EOF)就把该字符显示在屏幕上，再读入下一字符。每读一次，文件内部的位置指针向后移动一个字节，文件结束时，该指针指向 EOF。执行本程序将显示整个文件。

（2）写字符函数——fputc

fputc 函数的功能是把一个字符写入指定的文件中，被写入的文件可以用写、读写、追加方式打开，用写或读写方式打开一个已存在的文件时将清除原有的文件内容，写入字符从文件首开始。如需保留原有文件内容，希望写入的字符从文件末开始存放，必须以追加方式打开文件。被写入的文件若不存在，则创建该文件。函数调用的形式为：

```
fputc(字符量,文件指针);
```

其中，待写入的字符量可以是字符常量或变量，例如：

```
fputc('A',fp);
```

其意义是把字符 A 写入 fp 所指向的文件中。每写入一个字符，文件内部位置指针向后移动一个字节。fputc 函数有一个返回值，如写入成功则返回写入的字符，否则返回一个 EOF。可用此来判断写入是否成功。

【例 10.2】　从键盘输入一行字符，写入一个文件，再把该文件内容读出显示在屏幕上。

```
#include<stdio.h>
void main()
{
  FILE *fp;
  char ch;
  if((fp=fopen("d:\\ string","wt+"))==NULL)
  {
    printf("Cannot open file strike any key exit!");
    getch();
    exit(1);
  }
  printf("input a string:\n");
  ch=getchar();
  while (ch!='\n')
  {
    fputc(ch,fp);
    ch=getchar();
  }
  rewind(fp);
  ch=fgetc(fp);
  while(ch!=EOF)
  {
    putchar(ch);
    ch=fgetc(fp);
```

```
        }
        printf("\n");
        fclose(fp);
}
```

程序中以读写文本文件方式打开文件 string。从键盘读入一个字符后进入循环，当读入字符不为回车符时，则把该字符写入文件，然后继续从键盘读入下一字符。每输入一个字符，文件内部位置指针向后移动一个字节。写入完毕，该指针已指向文件尾。如要把文件从头读出，须把指针移向文件头，程序中 rewind 函数用于把 fp 所指文件的内部位置指针移到文件头。

10.3.2 字符串读写函数 fgets 和 fputs

（1）读字符串函数——fgets

函数的功能是从指定的文件中读一个字符串到字符数组中，函数调用的形式为：

```
fgets(字符数组名,n,文件指针);
```

其中，n 是一个正整数。表示从文件中读出的字符串不超过 n−1 个字符。在读入的最后一个字符后加上串结束标志'\0'。在读出 n−1 个字符之前，如遇到了换行符或 EOF，则读出结束。fgets 函数也有返回值，其返回值是字符数组的首地址。

例如：

```
fgets(str,n,fp);
```

其意义是从 fp 所指的文件中读出 n−1 个字符送入字符数组 str 中。

【例 10.3】 从 string 文件中读取一个含 10 个字符的字符串。

```
#include<stdio.h>
void main()
{
    FILE *fp;
    char str[11];
    if((fp=fopen("d:\\ string","rt"))==NULL)
    {
        printf("\nCannot open file strike any key exit!");
        getch();
        exit(1);
    }
    fgets(str,11,fp);
    printf("\n%s\n",str);
    fclose(fp);
}
```

本例定义了一个字符数组 str 共 11 个字节，在以读文本文件方式打开文件 string 后，从中读出 10 个字符送入 str 数组，在数组最后一个单元内将加上'\0'，然后在屏幕上显示输出 str 数组。

（2）写字符串函数——fputs

fputs 函数的功能是向指定的文件写入一个字符串，其调用形式为：

```
fputs(字符串,文件指针);
```

其中，字符串可以是字符串常量，也可以是字符数组名或指针变量，例如：

```
fputs("abcd",fp);
```
其意义是把字符串"abcd"写入 fp 所指文件之中。

【例 10.4】 在例 10.2 中建立的文件 string 中追加一个字符串。

```
#include<stdio.h>
  void main()
  {
    FILE *fp;
    char ch,st[20];
    if((fp=fopen("string","at+"))==NULL)
    {
      printf("Cannot open file strike any key exit!");
      getch();
      exit(1);
    }
    printf("input a string:\n");
    scanf("%s",st);
    fputs(st,fp);
    rewind(fp);
    ch=fgetc(fp);
    while(ch!=EOF)
    {
      putchar(ch);
      ch=fgetc(fp);
    }
    printf("\n");
    fclose(fp);
  }
```

本例要求在 string 文件末加写字符串，因此，在程序中以追加读写文本文件的方式打开文件 string。然后输入字符串，并用 fputs 函数把该字符串写入文件 string。在程序中用 rewind函数把文件内部位置指针移到文件首。再进入循环逐个显示当前文件中的全部内容。

10.3.3 数据块读写函数 fread 和 fwrite

C 语言还提供了用于整块数据的读写函数，可用来读写一组数据，如一个数组元素、一个结构变量的值等。

读数据块函数调用的一般形式为：
```
fread(buffer,size,count,fp);
```
写数据块函数调用的一般形式为：
```
fwrite(buffer,size,count,fp);
```
其中：

buffer 是一个指针，在 fread 函数中，它表示存放输入数据内存的首地址。在 fwrite 函数中，它表示存放输出数据内存的首地址。

size 表示数据块的字节数。

count 表示要读写的数据块块数。

fp 表示文件指针。

例如：

```
fread(a,4,5,fp);
```

其意义是从 fp 所指的文件中，每次读 4 个字节(一个实数)送入数组 a 中，连续读 5 次，即读 5 个实数到数组 a 中。

【例 10.5】 从键盘输入两个学生数据，写入一个文件中，再读出这两个学生的数据显示在屏幕上。

```
#include<stdio.h>
struct stu
{
  char name[10];
  int num;
  int age;
  char addr[15];
}boya[2],boyb[2],*pp,*qq;
void main()
{
  FILE *fp;
  char ch;
  int i;
  pp=boya;
  qq=boyb;
  if((fp=fopen("d:\\jrzh\\example\\stu_list","wb+"))==NULL)
  {
    printf("Cannot open file strike any key exit!");
    getch();
    exit(1);
  }
  printf("\ninput data\n");
  for(i=0;i<2;i++,pp++)
  scanf("%s%d%d%s",pp->name,&pp->num,&pp->age,pp->addr);
  pp=boya;
  fwrite(pp,sizeof(struct stu),2,fp);
  rewind(fp);
  fread(qq,sizeof(struct stu),2,fp);
  printf("\n\nname\tnumber     age     addr\n");
  for(i=0;i<2;i++,qq++)
  printf("%s\t%5d%7d     %s\n",qq->name,qq->num,qq->age,qq->addr);
  fclose(fp);
}
```

本例程序定义了一个结构 stu，说明了两个结构数组 boya 和 boyb 以及两个结构指针变量 pp 和 qq。pp 指向 boya，qq 指向 boyb。程序以读写方式打开二进制文件 stu_list，输入两个学生的数据之后，写入该文件，然后把文件内部位置指针移到文件首，读出两块学生数据后，在屏幕上显示。

10.3.4　格式化读写函数 fscanf 和 fprintf

fscanf、fprintf 函数与前面使用的 scanf 和 printf 函数的功能相似，都是格式化读写函数。

二者的区别在于 fscanf 函数和 fprintf 函数的读写对象不是键盘和显示器，而是磁盘文件。

这两个函数的调用格式为：

```
fscanf(文件指针,格式字符串,输入表列);
fprintf(文件指针,格式字符串,输出表列);
```

例如：

```
fscanf(fp,"%d%s",&i,s);
fprintf(fp,"%d%c",j,ch);
```

用 fscanf 和 fprintf 函数也可以完成例 10.5 的问题。修改后的程序如例 10.6 所示。

【例 10.6】　用 fscanf 和 fprintf 函数解决例 10.5 的问题。

```
#include<stdio.h>
struct stu
{
  char name[10];
  int num;
  int age;
  char addr[15];
}boya[2],boyb[2],*pp,*qq;
void main()
{
  FILE *fp;
  char ch;
  int i;
  pp=boya;
  qq=boyb;
  if((fp=fopen("stu_list","wb+"))==NULL)
  {
    printf("Cannot open file strike any key exit!");
    getch();
    exit(1);
  }
  printf("\ninput data\n");
  for(i=0;i<2;i++,pp++)
    scanf("%s%d%d%s",pp->name,&pp->num,&pp->age,pp->addr);
  pp=boya;
  for(i=0;i<2;i++,pp++)
    fprintf(fp,"%s %d %d %s\n",pp->name,pp->num,pp->age,pp->addr);
  rewind(fp);
  for(i=0;i<2;i++,qq++)
    fscanf(fp,"%s %d %d %s\n",qq->name,&qq->num,&qq->age,qq->addr);
  printf("\n\nname\tnumber      age      addr\n");
  qq=boyb;
  for(i=0;i<2;i++,qq++)
    printf("%s\t%5d  %7d      %s\n",qq->name,qq->num, qq->age,
              qq->addr);
  fclose(fp);
}
```

与例 10.5 相比，本程序中 fscanf 和 fprintf 函数每次只能读写一个结构数组元素，因此采用了循环语句来读写全部数组元素。还要注意指针变量 pp、qq，由于循环改变了它们的值，因此在程序的第 25 和 32 行分别对它们重新赋予了数组的首地址。

10.4 文件的随机读写

前面介绍的对文件的读写方式都是顺序读写，即读写文件只能从头开始，顺序读写各个数据。但在实际问题中常要求只读写文件中某一指定的部分。为了解决这个问题，可移动文件内部位置指针到需要读写的位置，再进行读写，这种读写称为随机读写。

实现随机读写的关键是要按要求移动位置指针，这称为文件的定位。

10.4.1　文件定位

移动文件内部位置指针的函数主要有两个，即 rewind 函数和 fseek 函数。

（1）rewind 函数
rewind 函数前面已多次使用过，其调用形式为：
```
rewind(文件指针);
```
它的功能是把文件内部的位置指针移到文件首。

（2）fseek 函数
fseek 函数用来移动文件内部位置指针，其调用形式为：
```
fseek(文件指针,位移量,起始点);
```
其中：
① "文件指针"指向被移动的文件。
② "位移量"表示移动的字节数，要求位移量是 long 型数据，以便在文件长度大于 64KB 时不会出错。当用常量表示位移量时，要求加后缀 "L" 或 "1"。
③ "起始点"表示从何处开始计算位移量，规定的起始点有三种：文件首、当前位置和文件尾。

其表示方法如表 10.2。

表 10.2　起始点表示方法

起始点	表示符号	数字表示
文件首	SEEK_SET	0
当前位置	SEEK_CUR	1
文件末尾	SEEK_END	2

例如：
```
fseek(fp,100L,0);
```
其意义是把位置指针移到离文件首 100 个字节处。

还要说明的是 fseek 函数一般用于二进制文件。在文本文件中由于要进行转换，故往往计算的位置会出现错误。

10.4.2　文件的随机读写

在移动位置指针之后，即可用前面介绍的任一种读写函数进行读写。由于一般是读写一个数据块，因此常用 fread 和 fwrite 函数。

下面用例题来说明文件的随机读写。

【例 10.7】　在学生文件 stu_list 中读出第二个学生的数据。

```
#include<stdio.h>
struct stu
{
  char name[10];
  int num;
  int age;
  char addr[15];
}boy,*qq;
void main()
{
  FILE *fp;
  char ch;
  int i=1;
  qq=&boy;
  if((fp=fopen("stu_list","rb"))==NULL)
  {
    printf("Cannot open file strike any key exit!");
    getch();
    exit(1);
  }
  rewind(fp);
  fseek(fp,i*sizeof(struct stu),0);
  fread(qq,sizeof(struct stu),1,fp);
  printf("\n\nname\tnumber    age     addr\n");
  printf("%s\t%5d  %7d    %s\n",qq->name,qq->num,qq->age,qq->addr);
}
```

文件 stu_list 已由例 10.5 的程序建立，本程序用随机读出的方法读出第二个学生的数据。程序中定义 boy 为 struct stu 类型变量，qq 为指向 boy 的指针。以读二进制文件方式打开文件，程序第 22 行移动文件内部位置指针。其中，i 值为 1，表示从文件头开始，移动一个 struct stu 类型的长度，然后再读出的数据即第二个学生的数据。

10.5　文件检测函数

C 语言中常用的文件检测函数有以下几个。

（1）文件结束检测函数
feof 函数调用格式：
```
feof(文件指针);
```

功能：判断文件是否处于文件结束位置，如文件结束，则返回值为 1，否则为 0。

（2）读写文件出错检测函数

ferror 函数调用格式：

```
ferror(文件指针);
```

功能：检查文件在用各种输入输出函数进行读写时是否出错。如 ferror 返回值为 0，则表示未出错，否则表示有错。

（3）文件出错标志和文件结束标志（置 0 函数）

clearerr 函数调用格式：

```
clearerr(文件指针);
```

功能：本函数用于清除出错标志和文件结束标志，使它们为 0 值。

在线习题

附　录

附录I　常用字符与 ASCII 码对照表

ASCII 值	字符（控制字符）	ASCII 值	字符	ASCII 值	字符	ASCII 值	字符
0	NUL (null)	32	(space)	64	@	96	`
1	SOH (start of handing)	33	!	65	A	97	a
2	STX (start of text)	34	"	66	B	98	b
3	ETX (end of text)	35	#	67	C	99	c
4	EOT (end of transmission)	36	$	68	D	100	d
5	ENQ (enquiry)	37	%	69	E	101	e
6	ACK (acknowledge)	38	&	70	F	102	f
7	BEL (bell)	39	'	71	G	103	g
8	BS (backspace)	40	(	72	H	104	h
9	HT (horizontal tab)	41	)	73	I	105	i
10	LF (NL line feed, new line)	42	*	74	J	106	j
11	VT (vertical tab)	43	+	75	K	107	k
12	FF (NP form feed, new page)	44	,	76	L	108	l
13	CR (carriage return)	45	-	77	M	109	m
14	SO (shift out)	46	.	78	N	110	n
15	SI (shift in)	47	/	79	O	111	o
16	DLE (data link escape)	48	0	80	P	112	p
17	DC1 (device control 1)	49	1	81	Q	113	q
18	DC2 (device control 2)	50	2	82	R	114	r
19	DC3 (device control 3)	51	3	83	S	115	s
20	DC4 (device control 4)	52	4	84	T	116	t
21	NAK (negative acknowledge)	53	5	85	U	117	u
22	SYN (synchronous idle)	54	6	86	V	118	v
23	ETB (end of trans. block)	55	7	87	W	119	w
24	CAN (cancel)	56	8	88	X	120	x
25	EM (end of medium)	57	9	89	Y	121	y
26	SUB (substitute)	58	:	90	Z	122	z
27	ESC (escape)	59	;	91	[	123	{
28	FS (file separator)	60	<	92	\	124		
29	GS (group separator)	61	=	93	]	125	}
30	RS (record separator)	62	>	94	^	126	~
31	US (unit separator)	63	?	95	_	127	DEL

注：第 2 列的字符是一些特殊字符，键盘上是不可见的，所以只给出控制字符，控制字符通常用于控制和通信。

附录Ⅱ Turbo C 常用库函数

（1）alloc.h 动态地址分配函数

函数原型	功能说明
int brk(void *addr);	改变数据段存储空间的分配
void *calloe(size_t nitems,size_t size);	分配主存储器
void free(void *block);	释放分配的内存块
void *malloc(size_t size);	分配主存
void *realloc(void *block,size_t size);	重分主存
void *sbrk(int incr);	改变数据段存储空间的分配
void far *farcalloc(unsigned long nunits,unsigned long unitsz);	从远堆中分配内存
unsigned long farcoreleft(viod);	返回远堆中未使用的储存器大小
void farfree(void far *block);	释放远堆中分配的内存块
void far *farmalloc(unsigned long nbytes);	从远堆中分配内存
void far *farrealloc(void far *oldblock,unsigned long nbytes);	调整远堆中的已分配块

（2）bios.h ROM 基本输入/输出函数

函数原型	功能说明
int bioscom(int cmd,char abyte,int porr);	I/O 通信
int biosdisk(int cmd,int drive,int head,int track,int sector,int nsects,void *buffer);	硬盘/软盘 I/O 通信
int biosequip(void);	检查设备
int bioskey(int cmd);	键盘接口
int biosmemory(void);	返回存储器大小(单位 KB)
int biosprint(int cmd,int abyte,int port);	打印机 I/O
long biostime(int cmd,long mewtime);	返回一天的时间

（3）conio.h 字符屏幕操作函数
与屏幕操作函数有关的系统常量定义：

```
enum COLORS{        /*屏幕颜色名*/
BLACK,BLUE,GREEN,        /*暗色*/
CYAN,RED,MAGENTA,BROWN,LIGHTGRAY,DARKGRAY,LIGHTBLUE,LIGH-TGERRN        /*亮色*/
LIGHTCYAN,LIGHTRED,LIGHTMAGENTA,YELLOW,WHITE
};
extern int directvideo;        /*视频输出控制标志,决定是直接输出到视频 (=1)还是通过 ROM BIOS
输出 (=0)*/
```

函数原型	功能说明
void clreol(void);	清除正文窗口的内容直到行末
void clrscr(void);	清除正文模式窗口
void delline(void);	删除正文窗口中的光标所在行
int gettext(int left,int top,int right,int bottom,void *destin);	复制正文屏幕上的正文到存储器
void gettextinfo(struct text_info *r);	取正文模式显示信息
void gotoxy(int x,int y);	在正文窗口内定位光标
void highvideo(void);	选择高密度的正文字符
void insline(void);	在正文窗口内插入一空行
void lowvideo(void);	选择低密度的正文字符
int movetext(int left,int top,int right,int bottom,int destleft,int desttop);	将指定区域内的正文移到另一处
void normvideo(void);	选择标准密度的正文字符
int puttext(int left,int top,int right,int bottom,void *source);	从存储器复制正文到屏幕上
void textattr(intnewattr);	设置正文属性
void textbackground(int newcolor);	选择正文背景颜色
void textcolor(int newcolor);	选择正文字符颜色
void textmode(int mewmode);	设置屏幕为正文模式
int wherex(void);	给出窗口的水平光标位置
int wherey(void);	给出窗口的垂直光标位置
void window(int left,int top,int right,int bottom);	定义正文模式窗口
char *cgets(char *str);	从控制台读字符串
int cprintf(const char *format,…);	送至屏幕的格式化输出
int cputs(const char *str);	写一字符串到屏幕，并返回最后一个字符
int cscanf(const char *format,…);	从键盘接收一个格式字符串
int getch(void);	从键盘接收一个字符，并无回显
int getche(void);	从键盘接收一个字符，并回显在屏幕上
char *getpass(const char *prompt);	读口令
int kbhit(void);	检查当前按键是否有效
int putch(int c);	输出字符到屏幕并返回显示的字符
int ungetch(int ch);	退一个字符键盘缓存

（4）ctype.h 字符操作函数

函数原型或宏定义	功能说明
#define isalnum(c) c_ctype[(c)+1]&(_is_dig|_is_upp|is_low))	判别字符是否为字母或数字
#define isalpha(c)(_ctype[(c)+1]&(_is_upp|_is_low))	判别字符是否为字母
#define isascii(c)((unsigned)(c)<128)	判别字符的 ASCII 码是否属于 0～127
#define iscntrl(c)(_ctype[(c)+1]&_is_ctl)	判别字符是否为删除字符或普通控制字符
#define isdigit(c)(_ctype[(c)+1]&_is_dig)	判别字符是否为十六进制数
#define isgraph(c)((c)>0x21&&(c)<=0x7e)	判别字符是否为空格符以外的可打印字符
#define islower(c)(_ctype[(c)+1]&_is_low)	判别字符是否为小写字母
#define isprint(c)((c)>=0x20&&.(c)<=0x7e)	判别字符是否为可打印字符
#define ispunct(c)(_ctype[(c)+1]&_is_pun)	判别字符是否为标点符号

续表

函数原型或宏定义	功能说明
#define isspace(c)(_ctype[(c) +1]&_is_sp)	判别字符是否为空格、制表、回车、换行符
#define isupper(c)(_ctype[(c)+1]&_is_upp)	判别字符是否为大写字母
#define isxdigit(c)(_ctype[(c)+1]&(_is_dig|_is_hex))	判别字符是否为数字
#define _toupper(c)((c)+'A'—'a')	把字符转换为大写字母
#define _tolower(c)((c)+'a'—'A')	把字符转换为小写字母
#define isapha(c)((c)&0x7f)	把字符转换为 ASCII 码
int tolower(int ch);	把字符转换为小写字母
int toupper(int ch);	把字符转换为大写字母

（5）dir.h 目录操作函数

函数原型或宏定义	功能说明
int chdir(const char *path);	改变工作目录
int findfirst(const char *path,struct ffblk *ffblk,int attrib);	搜索磁盘目录
int findnext(struct ffblk *ffblk);	匹配 fingfirst 的文件
void fnmerge(char *path,const char *drive,const char *dir,char *name,const char *ext);	建立新文件名
int fnsplit(const char *path,char *drive,char *dir,char *name,char *ext);	把 path 所指文件名分解成其各分量
int getcurdir(int drive,char *directory);	从指定驱动器取当前目录
char *getcwd(char *buf,int buflen);	取当前工作目录
int getdisk(void);	取当前磁盘驱动器号
int mkdir(const char *path);	建立目录
char *mktemp(char *temlplate);	建立一个唯一的文件名
int rmdir(const char *path);	删除一个目录
char *searchpath(const char *file);	搜索 DOS 路径
int setdisk(int drive);	设置当前磁盘驱动器

（6）dos.h DOS 接口函数

函数原型或宏定义	功能说明
int absread(int drive,int nsects,int lsect,void *buf);	对磁盘的无条件读
int abswrite(int drive,int nsects,int lsect,void *buf);	对磁盘的无条件写
int allocmem(unsigned size,unsigned *segp);	使用 DOS 调用 0x48 分配按节排列的内存块
int bdos(int dosfun,unsigned dosdx,unsigned dosal);	MS-DOS 系统调用
int bdosptr(int dosfun,void *arument,unsigned dosal);	MS-DOS 系统调用
struct country *country(int xcode,struct country *cp);	设置与国家有关的项目
void ctrlbrk(int (*handler)(void));	设置 control-break 处理程序
void delay(unsigned milliseconds);	将程序执行暂停 milliseconds 毫秒
void disable(void);	屏蔽除 NMI（不可屏蔽中断）外的所有中断
int dosexterr(struct DOSERROR *eblkp);	取 DOS 调用的扩展错误信息
void_emit_();	把文字值直接插入源程序中

续表

函数原型或宏定义	功能说明
void enable(void);	开放中断
int freemem(unsigned segx);	释放内存分配块
int getcbrk(void);	调用 0x33, 取 control-break 检测的设置
void getdate(struct date *datep);	将 DOS 形式的当前日期写进 datep 中
void getfree(unsigned char drive,struct dfree *table);	取磁盘自由空间
void getfat(unsigned char drive,struct fatinfo *table);	从指定驱动器的文件分配表读取有关信息
void getfatd(struct fatinto *dtable);	作用同上, 只是使用默认驱动器
unsigned getpsp(void);	返回程序段前缀(PSP)的段地址
void gettime(struct time *timep);	将 DOS 形式的当前时间写进 timep 中
void interrupt(*getvect(int interruptno)) ();	返回指定的中断服务程序的地址
int getverify(void);	返回 DOS 的确认标志的状态
void harderr(int (*handler)());	允许用自己的错误处理替代 DOS 默认处理
void hardresume(int axret);	退出自己的错误处理程序, 并返回 DOS
void hardretn(int retn);	退出自己的错误处理程序, 并返回 DOS
int inport(int portid);	返回从指定读入的字的值
unsigned char inportb(int portid);	返回从指定口读入的一个字节
int int86(int intno,union REGS *inregs,union REGS *outregs);	执行指定的软件中断
int int86x(int intno,union REGS *inregs,union REGS *outregs,struct SREGS *segregs);	执行指定的软件中断, 但返回值不同
int intdos(union REGS *inregs,union REGS *outregs);	访问指定的 DOS 系统调用
int intdosx(union REGS *inregs,union REGS *outregs,struct SREGS *segregs);	访问指定的 DOS 系统调用
void intr(int into,struct REGPACK *preg);	改变软中断接口
void keep(unsigned char status,unsign size);	执行 0x31 中断, 程序运行终止但驻留内存
void nosound(void);	关闭 PC 扬声器
void outport(int ortid,int value);	输出一个字到硬件端口
void outportb(int portid,unsigned char value);	输出一个字节到硬件端口
char *parsfnm(const char *cmdline,struct fcb *fcb,int opt);	分析 cmdline 所指字符串以找到一个文件
int peek(unsigned segned segment,unsigned offset);	返回 segment:offset 内存位置处的字
char peekb(unsigned segment,unsigned offset);	返回 segment:offset 内存位置处的字节
void poke(unsigned segment,unsigned offset,int value);	存整数值到 segment:offset 所指存储单元
char pokeb(unsigned segment,unsigned offset,char value);	存字节值到 segment、offset 所指存储单元
int randbrd(struct fcb *fcb,int rcnt);	读随机块
int randbwr(struct fcb *fcb,int rcnt);	写随机块
void segread(struct SREGS *segp);	读段寄存器
int setblock(unsigned segx,unsigned newsize);	修改先前已分配的 DOS 存储块大小
int setcbrk(int cbrkvalue);	调用 0x33 打开或关闭中断控制检测
void setdate(struct date *datep);	设置系统日期
void settime(struct time *timep);	设置系统时间
void setvect(int interruptno,void interrupt(*isr)());	设置中断向量入口
void setverify(int value);	设置 DOS 校验标志的状态
void sleep(unsigned seconds);	将执行挂起一段时间

续表

函数原型或宏定义	功能说明
void sound(unsigned frequency);	以指定频率打开 PC 扬声器
void unixtodos(long time,struct date *d,struct time *t);	把日期和时间从 UNIX 格式转换成 DOS 格式
int unlink(condt char *path);	删除由 path 指定的文件
char far *getdta(void);	取磁盘传输地址
void setdta(char far *dta);	设置磁盘传输地址
#define MK_FP(seg,ofs) ((void far *)\((unsigned long)(seg)<<16|(unsigned)(ofs)))	根据 seg:ofs 建立一个原指针

（7）folat.h 定义从属于环境工具的浮点值函数

函数原型或宏定义	功能说明
unsigned int _clear87(void);	清除浮点状态字
unsigned int _control87(unsigned int new,unsigned int mask);	取得或改变浮点控制字
void _fpreset(void);	重新初始化浮点数学包
unsigned int _status87(void);	取浮点状态字

（8）graphics.h 图形函数

函数原型或宏定义	功能说明
void far arc(int x,int y,int stangle,int endangle,int radius);	指定圆心、半径、起止角画圆弧
void far bar(int left,int top,int right,int bottom);	画一个二维条形图
void far bar3d(int left,int top,int tright,int bottom,int depth,int topflag);	画一个三维条形图
void far circle(int x,int y,int radius);	以指定圆心和半径画圆
void far cleardevice(void);	清除图形屏幕
void far clearviewport(void);	清除当前视口
void far closegraph(void);	关闭图形系统，释放图形系统所占存储区
void far detectgraph(int far *graphdriver,int far graphmode);	通过检测硬件确定图形驱动程序和模式
void far drawpoly(int numpoints,int far *polypoints);	画一多边形轮廓线
void far ellipse(int x,int y,int stangle,int envangle,int xradius,int yradius);	画指定中心起止角和长短轴的椭圆弧
void far fillpoly(int numpoints,int far *polypoints);	用当前颜色画一填充多边形
void far floodfill(int x,int y,int border);	填充一有界区域
void far getarccoords(struct arccoordstype far *arccoords);	取得最后一次调用 arc 的坐标
void far getaspectatio(int far *xasp,int far *yasp);	返回当前图形模式的纵横比
int far getbkcolor(void);	取得当前背景色
int far getcolor(void);	取得当前画图颜色
struct palettetype *far getdefaultpalette(void);	返回调色板定义结构
char *far getdrivername(void);	返回包含当前图形驱动程序名字字符串指针
void far getfillpattern(char far *pattern);	将用户定义的填充模式复制到内存
void far getfillsettings(struct fillsettingstype far *fillinfo);	取得有关当前填充模式和填充颜色的信息
int far getgraphmode(void);	返回当前图形模式
void far getimage(int left,int top,int right,int bottom,void far *bitmap);	将指定区域的位图像存到主存储区

续表

函数原型或宏定义	功能说明
void far getlinesettings(struct linesettingstype far *lineinfo);	取当前线形、模式和宽度
int far getmaxcolocr(void);	返回可以传给函数 setcolor 的最大颜色值
int far getmaxmode(void);	返回当前驱动程序的最大模式号
int fae getmaxx(void);	返回屏幕的最大 x 坐标
int far getmaxy(void);	返回屏幕的最大 y 坐标
char *far getmodename(int mode_number);	返回含有指定图形模式名的字符串指针
void far getmoderange(int graphdriver,int far *lomode,int far *himode);	返回给定图形驱动程序的模式范围
unsigned far getpixel(int x,int y);	返回指定像素的颜色
void far getpalette(struct palettetype far *palette);	返回有关当前调色板的信息
int far getpalettesze(void);	返回调色板颜色查找表的大小
void far gettextsettings(struct textsettingstype far *texttypeinfo);	返回有关当前图形文本字体的信息
void far getviewsettings(struct viewporttype far *viewport);	返回有关当前视窗的信息
int far getx(void);	返回当前图形位置的 x 坐标
int far gety(void);	返回当前图形位置的 y 坐标
void far graphdefaylts(void);	将所有图形设置复位为它们的默认值
char *far grapherrormsg(int errorcode);	返回一个错误信息串的指针
void far _graphfreemem(void far *ptr,unsigned size);	用户可修改的图形存储释放函数
void far *far _graphgetmem(unsignedsize);	用户可修改的图形存储分配函数
int far graphresult(void);	返回最后一次不成功的图形操作错误码
unsigned far imagesize(int left,int top,int right,int bottom);	返回保存位图所需的字节数
void far initgraph(int far *graphdriver,int far *graphmode,char far *pathtodriver);	初始化图形系统
int far installuserdriver(char far *name,int huge(*detect)(void));	将新增设备驱动程序安装到 BGI 设备表中
int far installuserfont(char far *name);	安装未嵌入 BGI 系统的字体文件(.chr)
void far line(int x1,int y1,int x2,int y2);	在指定的两点间画线
void far linerel(int dx,int dy);	从当前点开始用增量(x,y)画一直线
void far lineto(int x,int y);	从当前点到给定点(x,y)画一直线
void far moverel(int dx,int dy);	将当前位置(CP)移动一相对距离
void far moveto(int x,int y);	将当前位置(CP)移动到绝对坐标(x,y)处
void far outtext(char far *textstrings);	在当前视窗显示一个字符串
void far outtextxy(int x,int y,char far *textstring);	在指定位置显示一个字符串
void far pieslice(int x,int y,int stangle,int endangle,int radius);	绘制并填充一个扇形
void far putimage(int left,int top,void far *bitmap,int op);	以指定位置为左上角点显示一个位图像
void far putpixel(int x,int y,int color);	在指定位置画一像素
void far rectangle(int left,int top,int right,int bottom);	用当前线型和颜色画一矩形
int registerbgidriver(void (*driver) (void));	装入并注册一个图形驱动程序代码
int registerbgifont(void (*font) (void));	登录链接到系统的矢量字模码
void far restorecrtmode(void);	将屏幕方式恢复到先前设置的方式
void far sector(int X,int Y,int StAngle,int EndAngle,int Xradius,int Yradius);	画并填充椭圆扇区
void far setactivepage(int page);	设置图形输出活动页
void far setallpalette(struct palettetype far *palete);	按指定方式改变所有的调色板颜色

续表

函数原型或宏定义	功能说明
void far setaspectratio(int xasp,int yasp);	设置图形纵横比
void far setbkcolor(int color);	用调色板设置当前背景色
void far setcolor(int color);	设置当前画线颜色
void far setfillpattern(char far *upattern,int color);	选择用户定义的填充模式
void far setfillstyle(int pattern,int color);	设置填充模式和颜色
unsigned far setgraphbufsize(unsigned bufsize);	改变内部图形缓冲区的大小
void far setgraphmode(int mode);	将系统设置成图形模式并清屏
void far setlinestyle(int linestyle,unsigned upattern,int thickness);	设置当前画线宽度和类型
void far setpalette(int colornuum,int color);	改变调色板颜色
void far setrgbpalette(int colornuum,int red,int gree,int blue);	允许用户定义 IBM8514 图形卡的颜色
void far settexrjustify(int horiz,int vert);	为图形函数设置文本的对齐方式
void far settextsyle(int font,int direction,int charsize);	为图形输出设置当前的文本属性
void far setusercharsize(int multx,int divx,int multy,int divy);	为矢量字体改变字符宽度和高度
void far setviewport(int left,int top,int right,int bottom,int clip);	为图形输出设置当前窗口
void far setvisualpage(int page);	设置可见图形页号
void far setwritemode(int mode);	设置图形方式下划线的输出模式
int far texrheight(char far *textstring);	返回以像素为单位的字符串高度
int far textwidth(char far *textstringt);	返回以像素为单位的字符串宽度

（9）men.h 内存操作函数

函数原型	功能说明
void *memccpy(void *dest,const void *src,int c,unsigned n);	从源 src 中复制 n 个字节到目标 dest
void *memchr(const void *s,int c,unsigned n);	在 s 所指的块的前 n 个字节中搜索字符 c
int memcmp(const void *s1,const void *s2,unsigned n);	比较两个块的前 n 个字节
void *memcpy(void*dest,const void*src,unsigned n);	从源 src 中复制 n 个字节到目标 dest 中
int memicmp(const void *s1,const void *s2,unsigned n);	比较 s1 和 s2 的前 n 个字符，忽略大小写
void *memmove(void *dest,const void *s2,unsigned n);	从源 src 中复制 n 个字节到目标 dest 中
void *memset (void *s,int c,unsigned n);	设置内存块中的 n 个字节 c
void movedata (unsigned stcseg,unsigned srcoff,unsigned dstseg,unsigned dstoff,unsigned n);	从源地址 srcseg:srcoff 复制 n 个字节到目标地址 destseg : destoff 中
void movmem (void *src,void *dest,unsigned length);	从 src 移动一个 length 字节的块到 dest 中
viod setmem (void *dest,unsigned length,char value);	将 dest 指定的 length 字节的块设为值 value

（10）math.h 数学函数

函数原型	功能说明
int abs (int x);	求 x 的绝对值
double acos (double x);	反余弦三角函数
double asin (double x);	反正弦三角函数
double atan (double x);	反正切三角函数

续表

函数原型	功能说明
double atan2 (double y,double x);	反正切三角函数
double atof (const char *s);	字符串到浮点数的转换
double ceil (double x);	上舍入，求不小于 x 的最小整数
double cos (double x);	余弦函数
double cosh (double x);	双曲余弦函数
double exp (double x);	指数函数
double fabs (double x);	双精度数绝对值
double floor (double x);	下舍入，求不大于 x 的最大整数
double fmod (double x,double y);	取模运算，求 x/y 的余数
double frexp (double x,int *exponent);	把双精度数分成尾数的指数
double hypot (double x,double y);	计算直角三角形的斜边长
long labs (long x);	长整型绝对值
double log (double x);	自然对数函数
double log10 (double x);	以 10 为底的对数函数
int matherr (struct exception *e);	用户可修改的数学出错处理函数
double modf (double x,double *ipart);	把双精度数分成整数和小数
double poly (double x,degree,double coeff[ ]);	RR 根据 coeff[ ]参数产生并计算一个多项式
double pow (double x,double y);	指数函数，x 的 y 次幂
double pow10(int p);	指数函数，10 的 p 次幂
double sin (double x);	正弦函数
double sinh (double x);	双曲正弦函数
double sqrt (double x);	平方根函数
double tan (double x);	正切函数
double tanh (double x);	双曲正切函数

（11）process.h spawn( )和 exec ( )函数

函数原型	功能说明
void abort (void);	异常终止一程序

exec…系列函数的作用是装入并运行其他程序
int execl (char *path,char *arg0,…);
int execle (char *path,char *arg0,…);
int execlp (char *path,char *arg0,…);
int execlpe (char *path,char *arg0,…);
int execv(char *path,char *argv[ ]);
int execve (char *path,char argv[ ],char **env);
int execvp(char *path,char *argv[ ]);
int execvpe(char *path,char *argv[ ],char **env);
	夹在 exec…函数"族名"后的后缀的作用：
	l 表示参数指针按独立参数传递
	p 表示将在 path 环境变量目录中搜索文件
	v 表示参数指针按指针数组传递
	e 表示参数 env 可被传递到子进程

void exit (int status);	终止调用进程并关闭所有文件
viod _exit (int status);	终止调用进程，但不关闭文件
unsigned getpid(void);	取得程序的进程号

续表

函数原型	功能说明

spawn …系列函数的创建并运行称为子进程的其他文件
int spawnl(int mode,char *path,char *arg0,…);
int spawnle(int mode,char *path,char *arg0,…);
int spawnlp(int mode,char *path,char *arg0,…);
int spawnlpe(int mode,char *path,char *arg0,…);
int spawnv(int mode,char *path,char *arg[ ]);
int spawnve(int mode,char *path,char *arg[ ] char **env);
int spawnvp(int mode,char *path,char *argv[ ]);
int spawnvpe(int mode,char *path,
char *argv[ ],char **env);
	spawn…函数的后缀与 exec…函数的后缀作用相同

（12）setjmp.h 非局部跳转函数

函数原型	功能说明
void longjmp(jmp_buf jmpb,int retval);	执行非局部转移
int setjmp (jmp_buf jmpb);	执行非局部转移
int raise(int sig);	向正在执行的程序发送一个信号
void (*signal(int sig,void (*func)(/*int */)))(int);	指定信号处理操作

（13）stdio.h 以流为基础的 I/O 函数

函数原型或宏定义	功能说明
void clearerr (FILE *stream);	复位错误标志，将指定流的错误等标志复位
int fclose (FILE *stream);	关闭被命名的数据流
int fflush (FILE *stream);	清除一个流
int fgetc (FILE *stream);	返回命名输入流上的下一个字符
int fgetpos (FILE *stream,fpos_t *pos);	取得当前文件指针
char *fgets (char *s,int n,FILE *stream);	从流中读取一字符串
FILE *fopen (const char *path,const char *mode);	打开文件，并使其与一个流相连
int fprintf (FILE *stream,const char *format,…);	传送格式化输出到一个流中
int fputc(int c,FILE *stream);	送一个字符 c 到指定流 stream 上
int fputs(const char *s,FILE *stream);	送一个字符串 s 到指定流 stream 上
int fread (void *ptr,int size,int count,FILE *stream);	从指定输入流中读数据
FILE *freopen(const char *path,const char *mode,FILE *stream);	将一个新文件与一个流相连
int fscanf (FILE *stream,const char *format,…);	从一个流中执行格式化输入
int fseek(FILE *stream,long offset,int whence);	重定位流上的文件指针
int fsetpos (FILE *stream,const fpos_t *pos);	设置与流相连的文件指针到新的位置
long ftell (FILE *stream);	返回当前文件指针
int fwrite(const void *ptr,int size,int count,FILE *stream);	将 n 个长度均为 size 字节的数据添加到流
char *gets (char *s);	从流中取一字符串
void perror(const char *s);	输出系统错误信息
int printf (const chat *format,…);	产生格式化的输出到标准输出设备
int puts(const char *s);	送一字符串到流中

函数原型或宏定义	功能说明
int rename(const char *oldname,const char *newname);	重命名文件
void rewind (FILE *stream);	重定位流
int scanf (const char *format,…);	从标准输入流中格式化输入
void setvbuf (FILE *stream,char *buf);	把缓冲区与流相连
int setvbuf(FILE *stream,char *buf,int type,int size);	把缓冲区与流相连
int sprintf (char *buffer,const char *format,…);	按指定 format 格式输出到字符串 buffer 中
int scanf (const char *buffer,const char *format,…);	扫描字符串 buffer,并格式化输入
char *strerror (int errnum);	返回指向错误信息字符串的指针
FILE *tmpfile(void);	以二进制方式打开暂存文件
char *tmpnam (char *s);	创建一个独有的文件名,作为临时文件名
int ungetc(int c,FILE *stream);	把一个字符退回到输入流中
int fcloseall(void);	关闭打开的所有流
FILE *fdopen (int handle,char *type);	把流与一个文件句柄相连
int fgetchar (void);	从标准输入流中读取字符
int flushall(void);	清除所有流
int fputchar (int c);	送一个字符到标准输出流(stdout)中
int getc (FILE *stream);	从流 stream 的当前位置读取一个字符
int getw (FILE *stream);	从流 stream 中取一整数
int putc (int ch,FILE *stream);	将字符 ch 写到流 stream 中去
int putw (int w,FILE *stream);	向指定流 stream 输出整型数 w
char *_strerror(const char *s);	建立用户定义的错误信息
int unlink (const char *path);	删除由 path 指定的文件
#define ferror(f) ((f)->flags&_F_ERR)	检测流上的错误
#define feof(f) ((f)->flags&_F_EOR)	检测流上的文字结束符
#define fileno(f) ((f)->fd)	返回指定流的文件句柄
#define remove(path) unlink(path)	删除由 path 指定的文件
#define getchar( ) getc(stdin)	从 stdin 流中读字符
#define putchar(c) put(©,stdout)	在 stdout 上输出字符

（14） stdlib.h 其他函数

函数原型或宏定义	功能说明
void abort (void);	异常终止一个程序
int abs (int x);	返回整型数的绝对值
int atexit (atixit_t func);	注册终止函数
double atof (const char *s);	字符串到浮点数的转换
int atoi (const char *s);	字符串到浮点数的转换
long atol (const char *s);	字符串到浮点数的转换
void *bsearch (const void *key,const void *base,int *nelem,int width,int (*fcmp) (/*const void *,const void **/));	数组的二分法搜索
void *calloc (unsigned nitems,unsigned size);	分配主存储器

续表

函数原型或宏定义	功能说明
div_t div (int numer,int denom);	将两个整数相除，返回商和余数
void exit (int status);	终止程序
void free (void *block);	释放已分配块
char *getenv(const char *name);	从环境中取一字符串
long labs (long x);	返回长整型的绝对值
ldiv_tl div(long number,long denom);	将两个整数相除，返回商和余数
void *malloc (unsigned size);	从存储堆分配长为 size 字节的块
void qsort(void *base,size_t nelem,size_t width,int(*fcmp)(/ *const void *,const void **/));	使用快速排序例程进行排序
int rand(void);	随机数发生器
void *realloc(void *block,size_t size);	重新分配主存
void srand (unsigned seed);	初始化随机数发生器
souble strtod (constchar *s,char **endptr);	将字符串转换为 double 型值
long strtol (const char *s,char **endptr,int radix);	将字符串转换为 long int 型值
unsigned long strtoul(const char *s,char **endptr,int radix);	将字符串转换为 unsigned long 值
int system(const char *command);	执行给定的 DOS 命令
#define max(a,b)(((a)>(b))?(a):(b))	返回两数中的较大者
#define mix(a,b)(((a)>(b))?(a):(b))	返回两数中的较小者
#define random(num) (rand()%(num))	返回一个从 0～num-1 的随机数
#define randomize()srand((unsigned)time(NULL))	初始化随机数发生器
char *ecv (double value,int ndig,int *dec,int *sign);	把一个浮点数转换为字符串
void_exit (int status);	终止程序
char *fcvt (double value,int ndig,int *dec,int*sign);	把一个浮点数转换为字符串
char *gcvt (double value,int ndec, char *bufhar *s,int c);	把一个浮点数转换为字符串
char *strrev(char *s);	将字符串中的字符顺序逆转
char *strset(char *s,int ch);	将一个字符串中的所有字符都设置为指定字符
int strspn (const char *sl,const char *s2);	在串中查找指定字符串的第一次出现位置
char *strspn(const char *sl,const char *s2);	在串中查找指定字符串的第一次出现位置
char *strtok(char *sl,const char *s2);	查找由第二串中指定的分界符隔开的单词
char *strupr(char *s);	将串中的小写字母转换为大写字母

（15）string.h 字符串函数

函数原型	功能说明
void *memchr(const void *s,int c ,size_t b);	在字符串的前部搜索字符 c 首次出现的位置
int memcmp(const void *s1,const void *s2,size_t n);	比较字符串的前 n 个字符
void *memcpy(void *dest,const void *src,size_t n);	将字符串的前 n 个字符复制到数组中（不允许重叠）
void *memmove(void *dest ,const void *src,size_t n);	将字符串的前 n 个字符复制到数组中
void *memset(void *s,in c,size_t n);	将字符复制到字符串的前 n 个字符中
char *strcat(*dest ,const char *src);	连接字符串
char *strchr(const char *s,int c);	在字符串中查找某字符第一次出现的位置

续表

函数原型	功能说明
int strcmp(const char *s1,const char *s2);	比较字符串
char *strcpy(char *dest,const char *src);	复制字符串
size_t strlen(const char *s);	统计字符串中字符的个数
char *strncat(char *dest,const char *src,size_t maxlen);	将 maxlen 个字符连接到字符串，并以 NULL 结尾
int strncmp(const char *s1,const char *s2,size_t maxlen);	比较字符串中前 maxlen 个字符
char *strncpy(char *dest,const char *src,size_t maxlen);	将 maxlen 个字符复制到字符串
char *strnset(char *s，int ch,size_t n);	将字符 ch 复制到字符串的前 n 个字符中
char *strset(char *s，int ch);	将字符串中的全部字符都变为字符 ch
char *strstr(const char *s1,const char *s2);	寻找子字符串在字符串中首次出现的位置

（16）time.h 系统时间函数

```
struct tm{int  tm_sec,tm_min,tm_hour;
         int  tm_mday,tm_mon,tm_year;
         int  tm_wday,tm_yday,tm_isdst;};
```

函数原型	功能说明
char *asctime (const struct tm *tblock);	转换日期和时间为 ASCII 码
clock_t clock (void);	确定处理器时间
char *ctime (const time_t *time);	转换日期和时间为字符串
double difftime(time_1 time_2,time_t time1);	计算两个时刻之间的时间差
struct tm *gmtime (const time_t *timer);	将日期和时间变为格林威治时间(GMT)
struct tm *localtime(const time_t *timer);	将日期和时间变为结构
int stime (time_t *tp);	设置系统日期和时间
time_t time(time_ *timer);	取一天的时间
void tzset (void);	设置全局变量:daylighe,timezone,tzname

附录Ⅲ C 语言实验指导

实验 1 C 语言程序设计初步

一、实验目的

① 熟悉 Visual Studio 2010 Express 的 C 语言编程环境。

② 初步认识 C 语言程序的结构。

③ 了解 C 语言程序从编辑、编译、连接到运行并得到运行结果的过程。

④ 熟练掌握 C 语言的数据类型、运算符和表达式。

⑤ 熟练掌握输入函数和输出函数的使用。

⑥ 编写顺序结构程序并运行。

⑦ 了解数据类型在程序设计语言中的意义。

二、实验要求

① 学习 VC++的基本操作，学会调试程序。
② 运行程序，分析并记录运行结果。
③ 将源程序、目标文件、可执行文件存放的位置记录在实验报告中。
④ 复习赋值语句和输入输出函数各种格式符的使用。
⑤ 复习数据类型和运算符的有关概念。
⑥ 根据自己能力有选择地完成下述实验内容，记录程序运行结果并写在实验报告上。

三、实验内容

① 参考书中例题熟悉 Visual C++ 2010 Express 集成开发环境。
集成开发环境使用方法见 1.4 节。
② 调试下面程序，预测并分析实验结果。

```c
#include <stdio.h>
void main()
  {
      int a; short b;long c;
      scanf("a=%d,b=%d%d",&a,&b,&c);
      printf("a=%d,b=%d,c=%d\n",a,b,c);
}
```

运行时出现错误提示吗？
如果出现错误，那么你是如何更正的？
如果没有出现错误那么你又是怎样给 a、b、c 输入数据的？
在实验报告上写出整个实验过程，将实验结果截图并打印后粘到实验报告相应处。

③ 编程序，输出如下图形：

```
   *
  ***
 *****
*******
```

④ 编写程序，实现下面的输出格式和结果（ 表示空格）：

```
a=  5,b=  7,a-b=-2,a/b= 71%
c1=COMPUTER,c2=COMP  ,c3= COMP
x=31.19,y= -31.2,z=31.1900
s=3.11900e+002,t= -3.12e+001
```

⑤ 编写程序，将输入的两个三位正整数 a、b 合并形成一个长整数赋给 c。合并的方式是：将 a 的百位、十位和个位放在 c 的十万位、千位和十位上，b 的百位、十位和个位放在 c 的万位、百位和个位上。
例如：当 a＝456，b＝123，运行后结果为 c=415263。

⑥ 编写程序，对从键盘输入的双精度变量 h 的值保留两位小数，并对第三位进行四舍五入（规定 h 中的值为正数）。
例如：若 h 值为 8.32433，则函数返回 8.32；若 h 值为 8.32533，则函数返回 8.33。

⑦ 输入一个任意 5 位数，编写程序求各位上数字之和。

例如：若输入 12345，则输出 15；若输入 13579，则输出 25。

实验 2　分支结构程序设计

一、实验目的

① 了解 C 语言中逻辑值"真"（非 0）与逻辑值"假"（0）的表示方法。

② 深入理解关系运算、逻辑运算的意义，学会正确使用关系表达式和逻辑表达式。

③ 熟练掌握分支语句 if 和 switch 的使用方法。

二、实验要求

① 实验之前要复习关系表达式、逻辑表达式和 if 语句、switch 语句，并完成以下程序的代码编写，通过实验来调试代码，实现程序功能；

② 根据自己能力有选择地编写并调试以下程序，将运行结果记录在实验报告上。

三、实验内容

① 调试下列程序，使之具有如下功能：输入 a、b、c 三个整数，求最小值。

```c
#include <stdio.h>
void main()
  { int a,b,c;
   scanf("%d%d%d",a,b,c);
   if((a>b)&&(a>c))
      if(b<c)
         printf("min=%d\n",b);
      else
         printf("min=%d\n",c);
   if((a<b)&&(a<c))
       printf("min=%d\n",a);
  }
```

程序中包含一些错误，通过充分测试发现程序中的错误。虽然程序可以运行，但不能说程序就是正确的，因为编译系统检查程序没有语法错误就可运行了，但是编译系统不能发现程序中的逻辑错误。一个程序必须通过严格的测试，把可能存在的错误都找出来并改正。

严格来讲，在调试过程中对这些可能的情况都要进行测试，才能保证程序的正确性。

我们再次运行程序，输入为"2，1，3"，程序输出是"min=2"，明显出错了，仔细阅读程序发现程序中逻辑条件设计有误，经过改正的程序如下：

```c
#include <stdio.h>
void main()
{ int a,b,c;
 scanf("%d%d%d",&a,&b,&c);
 if((a<b)&&(a<c))
   printf("min=%d\n",a);
 else if((b<a)&&(b<c))
   printf("min=%d\n",b);
 else if((c<a)&&(c<b))
   printf("min=%d\n",c);
 else
   printf("No find minimum\n");
```

```
}
```

② 编写程序完成如下功能：判断任意一个年份是否为闰年。

③ 编写程序完成如下功能：如果一个整数能被 5 整除或能被 7 整除，但不能同时被 5 和 7 整除则输出"Yes"，否则输出"No"。

④ 编写程序，输入 x 值，利用下面的函数计算函数值，并输出结果。

$$y = \begin{cases} 2x-3, 3 < x \leqslant 10 \\ x/5, x=3 \\ 10-x, 0 \leqslant x < 3 \end{cases}$$

⑤ 任意输入一个自然数，判断其是否为自守数并输出相应信息。

自守数——本身平方后的数的尾数等于该数本身。例如：

$$25 \times 25 = 625$$
$$76 \times 76 = 5776$$

实验 3　循环结构程序设计

一、实验目的

① 熟练掌握使用 while 语句、do…while 语句和 for 语句表示循环的方法。

② 掌握 break 语句和 continue 语句在循环结构的使用方法。

③ 掌握多重循环的程序设计方法。

④ 掌握循环程序设计中常用的各种算法，如穷举法、迭代、递推等。

⑤ 了解 VC++6.0 以及进一步熟悉 Visual Studio 2010 Express 集成环境的使用方法，掌握两种环境提供的程序调试方法，尤其是单步运行程序方法，进而熟悉循环程序的执行流程。

二、实验要求

① 复习 for、while 、do…while 语句和 continue、break 语句。

② 注意程序的书写格式。

③ 根据自己能力有选择地编写并调试下述程序，将运行结果记录在实验报告上。

三、实验内容

① 利用公式 SUM=1+1/2+1/3+…+1/n 计算 SUM 的值，n 的值由键盘输入。

```c
#include <stdio.h>
void main( )
{ int t,s,i,n;
  scanf("%d",&n);
  for(i=1;i<=n;i++)
    t=1/i;
    s=s+t;
  printf("s=%f\n",s);
}
```

根据所学知识改正程序中存在的问题使之输出正确结果。

② 编写程序，计算如下公式的值：$y=1+1/(2 \times 2)+1/(3 \times 3)+1/(4 \times 4)+…+1/(m \times m)$。整型 m 值由键盘输入。例如：若 m 值为 5，则应输出 1.463611。

③ 编写程序，求 Fibonacci 数列中大于 a（$a>3$）的最小的一个数。

其中，Fibonacci 数列 $F(n)$的定义为：

$$F(0)=0$$
$$F(1)=1$$
$$F(n)=F(n-1)+F(n-2)$$

例如，当 a=500 时，函数值为 610。

④ 编写程序，计算并输出下列多项式的值：

$F=1+1/1!+1/2!+1/3!+1/4!+\cdots+1/m!$

例如，若从键盘给 m 输入 5，则输出为 F=2.716667。

⑤ 编写程序，计算并输出给定整数 n 的所有因子（不包括 1 与自身）的平方和（规定 n 的值不大于 100）。

例如：键盘输入 n 的值为 8，其因子为 1、2、4、8，去掉 1 及其自身 8，则输出的平方和为 20。

实验 4　数组

一、实验目的
① 掌握数组的定义、赋值和输入、输出的方法。
② 学习用数组实现相关的算法（如排序、求最大和最小值、对有序数组的插入等）。
③ 掌握 C 语言中字符数组和字符串处理函数的使用。
④ 掌握在字符串中删除和插入字符的方法。

二、实验要求
① 复习数组的定义、引用和相关算法的程序设计。
② 复习字符串处理函数和字符数组的使用、库函数的调用方法。
③ 根据自己能力有选择地编写并调试以下程序，运行程序并记录运行结果。
④ 总结实验数据与实验收获。

三、实验内容
① 调试下列程序，使之具有如下功能：输入 10 个整数，按每行 3 个数输出这些整数，最后输出 10 个整数的平均值。

```c
#include <stdio.h>
void main( )
{ int i,n,a[10],av;
  for(i=0;i<n;i++)
    scanf("%d",a[i]);
  for(i=0;i<n;i++)
    { printf("%d",a[i]);
      if(i%3==0)
        printf("\n");
    }
  for(i=0;i!=n;i++)
    av+=a[i];
  printf("av=%f\n",av);
}
```

上面给出的程序是完全可以运行的，但是运行结果是完全错误的。请找出错误原因。调试时请注意变量的初值问题、输出格式问题等。

② 输入 4×4 的数组，编写程序实现下列功能：

（a）求出对角线上各元素的和；

（b）求出对角线上行、列下标均为偶数的各元素的积；

（c）找出对角线上值最大的元素和它在数组中的位置。

③ 调试下列程序，使之具有如下功能：任意输入两个字符串(如："abc 123"和"china")，并存放在 a、b 两个数组中。然后把较短的字符串放在 a 数组，较长的字符串放在 b 数组，并输出。

```c
#include <stdio.h>
void main()
{ char a[10],b[10];
  int c,d,k;
  scanf("%s",&a);
  scanf("%s",&b);
  printf("a=%s,b=%s\n",a,b);
  c=strlen(a);
  d=strlen(b);
  if(c>d)
    for(k=0;k<d;k++)
      { ch=a[k];a[k]=b[k];b[k]=ch;}
  printf("a=%s\n",a);
  printf("b=%s\n",b);
}
```

程序中的 strlen 是库函数，功能是求字符串的长度，它的原型保存在头文件 string.h 中。调试时注意库函数的调用方法、不同的字符串输入方法，通过错误提示发现程序中的错误。

④ 编写程序，输入任意一个含有空格的字符串(至少 10 个字符)，删除指定位置的字符后输出该字符串。如：输入"BEIJING 123"和删除位置 3 的字符，则输出"BEIING 123"。

⑤ 编写程序，输入字符串 s1 和 s2 以及插入位置 f，在字符串 s1 中的指定位置 f 处插入字符串 s2。如：输入"BEIJING"、"123"和位置 3，则输出"BEI123JING"。

实验 5　函数（模块化程序设计）

一、实验目的

① 熟练掌握函数的定义、调用。

② 掌握函数实参和形参的对应关系；掌握通过参数在函数间传递数据的方法。

③ 理解函数声明的作用。

④ 了解函数的嵌套调用和递归调用。

⑤ 理解变量的作用域和生存期。

二、实验要求

① 复习函数的定义和调用方法；

② 复习递归程序的编写和调试方法；

③ 根据自己能力有选择地编写、调试下述程序，运行程序并记录运行结果；

④ 撰写实验报告。

三、实验内容

① 调试下列程序，使之具有如下功能：fun 函数是一个判断整数是否为素数的函数，使用该函数求 1000 以内的素数平均值。

```c
#include <stdio.h>
#include <math.h>
void main( )
{ int a=0,k;          /* a 保存素数之和 */
  float av;           /* av 保存 1000 以内素数的平均值 */
  for(k=2;k<=1000;k++)
    if(fun(k))        /* 判断 k 是否为素数 */
a+=k;
  av=a/1000;
  printf("av=%f\n",av);
}
int fun(int n)   /* 判断输入的整数是否为素数 */
{ int i,y=0;
  for(i=2;i<n;i++)
    if(n%i==0) y=1;
  else y=0;
  return y;
}
```

② 编写一个求水仙花数的函数，求 3 位正整数的全部水仙花数中的次大值。所谓水仙花数是指三位整数的各位上的数字的立方和等于该整数本身。例如：153 就是一个水仙花数，因为 $153=1^3+5^3+3^3$。

③ 编写一个函数，对输入的整数 k 输出它的全部素数因子。例如：当 $k=126$ 时，素数因子为 2、3、3、7。要求按如下格式输出：126=2×3×3×7。

④ 请补充 main 函数，该函数的功能是：输入两个正整数 m 和 n，求这两个数的最大公约数和最小公倍数。请在程序的下划线处填入正确的内容并把下划线删除，使程序得出正确的结果。

```c
#include <stdio.h>
void main()
{
  int a,b,n,m,t;
  system("cls");
  printf("Input two numbers:\n");
  scanf ("%d,%d",&n,&m);
  if(n<m)  { a=m; b=n; }
  else { a=n; b=m; }
  while(___1___)
  {
    t=___2___;
    a=b;
    b=t;
  }
  printf("greatest common divisor:%d\n",a);
```

```
    printf("least common multiple: %d\n",__3__);
}
```

⑤ 给定程序中，函数 fun()的功能是：找出一个大于给定整数 *m* 且紧随 *m* 的素数，并作为函数值返回。

```
#include <conio.h>
#include <stdio.h>
int fun(int m)
{
  int i,k;
  for(i=__1__; ;i++)
  { for(k=2;k<i;k++)
/*********found*********/
    if(__2__)
      break;
/*********found*********/
    if(__3__)
      return(i);
  }
}
void main()
{
  int n;
  system("cls");
  printf("Please enter n: ");
  scanf("%d",&n);
  printf("%d\n",fun(n));
}
```

⑥ 编写程序，函数 fun 的功能是：读入一个整数 *k*（2≤*k*≤10000），打印它的所有质因子（即所有为素数的因子）。

例如，若输入整数 2310，则应输出：2、3、5、7、11。

⑦ 编写程序，函数 fun 的功能是：计算并输出 *k* 以内最大的 10 个能被 13 或 17 整除的自然数之和。*k* 的值由主函数传入，若 *k* 的值为 500，则函数值为 4622。

实验 6　指针及其应用

一、实验目的
① 掌握指针的概念和指针变量的定义。
② 掌握指针的运算方法。
③ 掌握指针在数组和函数中的灵活应用方法。
④ 掌握指针数组和数组指针的概念、区别和应用。
⑤ 了解指向函数的指针和指向指针的指针。

二、实验要求
① 复习指针的定义与使用方法。
② 复习函数指针、数组指针和指针数组的使用方法。
③ 根据自身能力和老师要求有选择地完成以下实验内容，记录运行结果并撰写实验报告。

三、实验内容

① 请编程读入一个字符串，并检查其是否为回文（即正读和反读都是一样的）。例如：读入：

MADA M I M ADAM

输出：

YES

读入：

ABCDBA

输出：

NO

② 任意输入 5 个字符串，调用函数按从大到小顺序对字符串进行排序，在主函数中输出排序结果。

③ 请编写一个函数 fun()，它的功能是：找出一维数组元素中最大的值和它的下标，最大值和它的下标通过形参传回。

数组元素中的值已在主函数中赋予。主函数中 x 是数组名，n 是 x 中的数据个数，实参 max 存放最大值，index 存放最大值元素的下标。

```
#include <stdlib.h>
#include <stdio.h>
void fun(int a[],int n,int *max,int *d)
{

}
void main()
{
  int i,x[20],max,index,n=10;
  for(i=0;i<=n;i++)
  {
    x[i]=rand()%50;
    printf("%4d",x[i]); /*输出一个随机数组*/
  }
  printf("\n");
  fun(x,n,&max,&index);
  printf("Max=%5d,Index=%4d\n",max,index);
}
```

④ 请编写函数 fun()，其功能是：将 s 所指字符串中下标为偶数的字符删除，串中剩余字符形成的新串放在 t 所指数组中。例如：输入内容为 ABCDEFGHIJK，则输出内容应是 BDFHJ。

```
#include <conio.h>
#include <stdio.h>
#include <string.h>
void fun(char *s,char t[])
{

}
void main()
{
```

```
    char s[100],t[100];
    printf("Please enter string s: ");
    scanf("%s",s);
    fun(s,t);
    printf("The result is:%s\n ",t);
}
```

⑤ 假定输入的字符串中只包含字母和*。请编写函数 fun()，它的功能是：将字符串尾部的*全部删除，前面和中间的*不删除。若字符串中的内容为****A*BC*DEF*G*******，删除后，字符串中的内容则应当是****A*B C*DEF*G。

```
#include <stdio.h>
#include <conio.h>
void  fun(char *a)
{

}
void main()
{
  char s[81];
  printf("Enter a string :\n");
  gets(s);
  fun(s);
  printf("The string after deleted:\n");
  puts(s);
}
```

⑥ 请编写函数 void fun(int y，int b[]，int*m)，它的功能是：求出能整除 y 且是奇数的各整数，并按从小到大的顺序放在 b 所指的数组中，这些除数的个数通过形参 m 返回。

```
#include <conio.h>
#include <stdio.h>
void fun(int y,int b[],int *m)
{

}
void main()
{
  int y,a[500],m,j;
  printf("\nPlease input an integer number:\n");
  scanf("%d",&y);
  fun(y,a,&m);
  for(j=0;j<m;j++)
  printf("%d ",a[j]);
}
```

⑦ 函数 fun 的功能是：将 s 所指字符串中下标为偶数且 ASCII 值为奇数的字符删除，s 所指字符串中剩余的字符形成的新字符串放在 t 所指的数组中。例如，若 s 所指字符串中的内容为"ABCDEFG 12345"，其中，字符 C 的 ASCII 码值为奇数，在数组中的下标为偶数，因此必须删除；而字符 1 的 ASCII 码值为奇数，在数组中的下标也为奇数，因此不应当删除，其他依此类推。最后 t 所指的数组中的内容应是"BDF12345"。

```
#include <stdio.h>
```

```
#include <string.h>
void fun(char *s,char t[])
{
}
void main()
{ char s[100],t[100];
  printf("\nPlease enter string s:");
  scanf("%s",s);
  fun(s,t);
  printf("\nThe result is: %s\n",t);
}
```

实验 7　结构体与共用体编程

一、实验目的
① 理解和掌握结构体类型数据的说明和定义方法。
② 掌握结构体数据的引用方式。
③ 掌握通过指向结构体的指针访问结构体成员的方法。
④ 理解共用体的概念和应用。

二、实验要求
① 复习结构体类型的定义，结构体变量、数组的定义和使用方法；
② 根据自己能力和老师要求有选择地运行以下程序并记录运行结果，分析实验结果，达到巩固学习的目的。

三、实验内容
① 学生的记录由学号和成绩组成，N 名学生的数据已在主函数中放入结构体数组 s 中，请编写函数 fun，它的功能是：函数返回指定学号的学生数据，指定的学号在主函数中输入。若没找到指定学号，在结构体变量中给学号置空串，给成绩置−1，并作为函数值返回（用于字符串比较的函数是 strcmp）。

```
#include <stdio.h>
#include <string.h>
#define   N   16
typedef struct
{char  num[10];
 int  s;
}STREC;
STREC fun(STREC *a, char *b)
{

}
void main()
{STREC s[N]={{"GA005",85},{"GA003",76},{"GA002",69},{"GA004",85},{"GA001",91},
{"GA007",72},{"GA008",64},{"GA006",87},{"GA015",85},{"GA013",91},{"GA012",64},
{"GA014",91},{"GA011",77},{"GA017",64},{"GA018",64},{"GA016",72}};
  STREC h;
  char m[10];
```

```
    int i;
    printf("The original data:\n");
    for(i=0;i<N;i++)
    {
      if(i%4==0)  printf("\n");
      printf("%s %3d  ",s[i].num,s[i].s);
    }
    printf("\n\nEnter the number: ");
    gets(m);
    h=fun(s,m);
    printf("The data :  ");
    printf("\n%s  %4d\n",h.num,h.s);
    printf("\n");
    out=fopen("out10.dat","w") ;
    h=fun(s,"GA013");
    fprintf(out,"%s  %4d\n",h.num,h.s);
    fclose(out);
}
```

② 学生的记录由学号和成绩组成，N 名学生的数据已在主函数中放入结构体数组 s 中，请编写函数 fun，它的功能是：把指定分数范围内的学生数据放在 b 所指的数组中，分数范围内的学生人数由函数值返回。

例如，输入的分数是 60、69，则应当把分数在 60～69 之间的学生数据进行输出，包含 60 分和 69 分的学生数据。主函数中将把 60 放在 low 中，把 69 放在 heigh 中。

```
#include <stdio.h>
#define  N  16
typedef struct
{ char num[10];
  int s;
}STREC;
int fun(STREC *a,STREC *b,int l,int h)
{

}
void main()
{
  STREC s[N]={{"GA005",85},{"GA003",76},{"GA002",69},{"GA004",85},{"GA001",96},
  {"GA007",72},{"GA008",64},{"GA006",87}, {"GA015",85},{"GA013",94},{"GA012",64},
  {"GA014",91},{"GA011",90},{"GA017",64},{"GA018",64},{"GA016",72}};
  STREC  h[N],tt;FILE *out;
  int i,j,n,low,heigh,t;
  printf("Enter 2 integer number low&heigh: ");
  scanf("%d%d",&low,&heigh);
  if( heigh<low )
     {t=heigh;heigh=low;low=t;}
  n=fun(s,h,low,heigh);
  printf("The student's data between %d--%d :\n",low,heigh);
  for(i=0;i<n;i++)
    printf("%s  %4d\n",h[i].num,h[i].s);
```

```
    printf("\n");
    out=fopen("out34.dat","w") ;
    n=fun(s,h,80,98);
    fprintf(out,"%d\n",n);
    for(i=0;i<n-1;i++)
      for(j=i+1;j<n;j++)
        if(h[i].s>h[j].s)
        { tt=h[i];h[i]=h[j]; h[j]=tt; }
    for(i=0;i<n;i++)
      fprintf(out,"%4d\n",h[i].s);
    fprintf(out,"\n");
    fclose(out);
}
```

③ 学生的记录由学号和成绩组成，N 名学生的数据已在主函数中放入结构体数组 s 中，请编写函数 fun，它的功能是：把低于平均分的学生数据放在 b 所指的数组中，低于平均分的学生人数通过形参 n 传回，平均分通过函数值返回。

```
#include <stdio.h>
#define  N  8
typedef struct
{char num[10];
 double s;
}STREC;
double fun(STREC *a,STREC *b,int *n)
{

}
void main()
{STREC s[N]={{"GA05",85},{"GA03",76},{"GA02",69},{"GA04",85},{"GA01",91},
{"GA07",72},{"GA08",64},{"GA06",87}};
  STREC h[N],t;
  FILE *out;
  int i,j,n;
  double ave;
  ave=fun(s,h,&n);
  printf("The %d student data which is lower than %7.3f:\n ", n,ave);
  for(i=0;i<n;i++)                      /*输出成绩低于平均值的学生记录*/
  printf("%s %4.1f\n",h[i].num,h[i].s);
  printf("\n");
  out=fopen("out.dat","w");
  fprintf(out,"%d\n%7.3f\n",n,ave);    /*输出平均值*/
  for(i=0;i<n-1;i++)
    for(j=i+1;j<n;j++)
      if(h[i].s>h[j].s)
      { t=h[i]; h[i]=h[j]; h[j]=t; }   /*将成绩由低至高排列*/
  for(i=0;i<n;i++)
    fprintf(out,"%4.1f\n",h[i].s);
  fclose(out);
}
```

④ 某学生的记录由学号、8 门课的成绩和平均分组成，学号和 8 门课的成绩已在主函数中给出。请编写 fun 函数，它的功能是：求出该学生的平均分并放在记录的 ave 成员中。

例如，学生的成绩是 85.5、76、69.5、85、91、72、64.5、87.5，则他的平均分应当是 78.875。

```c
#include <stdio.h>
#define N 8
typedef struct
{ char num[10];
  double s[N];
  double ave;
}STREC;
void fun(STREC *p )
{

}
void main()
{ FILE *out;
  STREC s={"GA005",85.5,76,69.5,85,91,72,64.5,87.5};
  int i;
  fun(&s);
  printf("The %s's student data:\n",s.num);        /*输出学号*/
  out=fopen("out.dat","w");
  for(i=0;i<N;i++)
    printf("%4.1f\n",s.s[i]);
  printf("\nave=%7.3f\n", s.ave);
  fprintf(out,"%lf",s.ave);
  fclose(out);
}
```

⑤ 学生的记录由学号和成绩组成，N 名学生的数据已在主函数中放入结构体数组 s 中，请编写函数 fun，它的功能是：把分数最低的学生数据放在 b 所指的数组中。注意，分数最低的学生可能不止一个，函数返回分数最低的学生的人数。

```c
#include <stdio.h>
#define N 16
typedef struct
{char num[10];
 int s;
}STREC;
int fun(STREC *a,STREC *b)
{

}
void main()
{STREC s[N]={{"GA05",85},{"GA03",76},{"GA02",69},{"GA04",85},{"GA01",91},
{"GA07",72}, {"GA08",64},{"GA06",87},{"GA015",85},{"GA013",91},{"GA012",64},
{"GA014",91}, {"GA011",91},{"GA017",64},{"GA018",64},{"GA016",72}};
  STREC h[N];
  int i,n;
  FILE *out ;
  n=fun(s,h);
```

```
printf("The %d lowest score :\n",n);
for(i=0;i<n; i++)
printf("%s  %4d\n",h[i].num,h[i].s);
printf("\n");
out=fopen("out24.dat","w");
fprintf(out,"%d\n",n);
for(i=0;i<n;i++)
fprintf(out,"%4d\n",h[i].s);
fclose(out);
}
```

⑥ N名学生的成绩已在主函数中放入一个带头结点的链表结构中，h指向链表的头结点。请编写函数 fun，其功能是：找出学生的最低分，由函数值返回。注意：部分源程序给出如下。请勿改动主函数 main 和其他函数中的任何内容，仅在函数 fun 的花括号中填入编写的若干语句。

```
#include <stdio.h>
#include <stdlib.h>
#define N  8
struct  slist
{
  double  s;
  struct slist  *next;
};
typedef struct slist  STREC;
double fun(STREC *h)
{

}
STREC * creat (double *s)
{
  STREC *h,*p,*q;  int i=0;
  h=p=(STREC*)malloc(sizeof(STREC));
  p->s=0;
  while(i<N)
  {
    q=(STREC*)malloc(sizeof(STREC));
    q->s=s[i]; i++; p->next=q; p=q;
  }
  p->next=NULL;
  return  h;          /*返回链表的首地址*/
}
outlist(STREC *h)
{
  STREC *p;
  p=h;
  printf("head");
  do
  {printf("->%2.0f ",p->s);p=p->next;}
  while(p!=NULL);
```

```
    printf("\n\n");
}
void main()
{
    FILE *out;
    double s[N]={56,89,76,95,91,68,75,85},min;
    STREC *h;
    h=creat(s);
    outlist(h);
    min=fun(h);
    printf("min=%6.1f\n",min);
    out=fopen("out.dat","w");
    fprintf(out,"%lf",min);
    fclose(out);
}
```

实验 8　文件操作

一、实验目的

① 掌握 C 语言中文件和文件指针的概念；

② 熟练掌握文件操作的顺序，即先打开文件，然后进行读写等操作，最后关闭文件；

③ 掌握 C 语言中文件的打开与关闭方法及各种文件函数的使用方法。

二、实验要求

① 复习文件的读写方法。

② 根据自己能力有选择地完成以下实验内容并记录实验结果，根据要求撰写实验报告。

三、实验内容

① 给定程序中，函数 fun 的功能是将参数给定的字符串、整数、浮点数写到文本文件中，再用字符串方式从此文本文件中逐个读入，并调用库函数 atoi 和 atof 将字符串转换成相应的整数、浮点数，然后将其显示在屏幕上。

```
#include <stdio.h>
#include <stdlib.h>
void fun(char *s,int a,double f)
{
/**********found**********/
    ___1___fp;
    char str[100],str1[100],str2[100];
    int a1;  double f1;
    fp=fopen("file1.txt","w");
    fprintf(fp,"%s %d %f\n",s,a,f);
/**********found**********/
    ___2___;
    fp=fopen("file1.txt","r");
/**********found**********/
    fscanf(___3___,"%s%s%s",str,str1,str2);
    fclose(fp);
```

```
    a1=atoi(str1);
    f1=atof(str2);
    printf("Result:%s %d %f\n",str,a1,f1);
}
void main()
{
    char a[10]="Hello!";
    int b=12345;
    double c=98.76;
    fun(a,b,c);
}
```

② 给定程序中，函数 fun 的功能是将形参给定的字符串、整数、浮点数写到文本文件中，再用字符方式从此文本文件中逐个读入并显示在终端屏幕上。

```
#include <stdio.h>
void fun(char *s,int a,double f)
{
/**********found**********/
    ___1___ *fp;
    char ch;
    fp=fopen("file1.txt","w");
    fprintf(fp, "%s %d %f\n",s,a,f);
    fclose(fp);
    fp=fopen("file1.txt","r");
    printf("The result :\n\n");
    ch=fgetc(fp);
/**********found**********/
    while(___2___)
      { putchar(ch); ch=fgetc(fp);  }
    putchar('\n');
    fclose(fp);
}
void main()
{
    char  a[10]="Hello!";
    int  b=12345;
    double  c=98.76;
    fun(a,b,c);
}
```

③ 在给定程序中，函数 fun 的功能是:将自然数 1~10 以及它们的平方根写到名为 wfile4.txt 的文本文件中，然后再顺序读出显示在屏幕上。

```
#include <math.h>
#include <stdio.h>
int fun(char  *fname )
{
    FILE  *fp;
    int  i,n;  float  x;
    if((fp=fopen(fname, "w"))==NULL)  return  0;
    for(i=1; i<=10; i++)
```

```
/**********found**********/
    fprintf(___1___);
    printf("Succeed!! \n");
/**********found**********/
    ___2___;
  printf("The data in file :\n");
  if((fp=fopen(fname,"r"))==NULL)
    return  0;
  fscanf(fp,"%d%f",&n,&x);
  while(!feof(fp))
  {
    printf("%d %f\n",n,x);
    fscanf(fp,"%d%f",&n,&x);
  }
  fclose(fp);
  return 1;
}
void main()
{
  char fname[]="wfile4.txt";
  fun(fname);
}
```

④ 编写程序求 100 以内的素数，分别将它们输出到显示器屏幕和 x.txt 文件中，要求每行 6 个数。

附录Ⅳ　全真模拟精选试卷实战演练

参考文献

[1] 谭浩强. C 程序设计[M]. 4 版. 北京: 清华大学出版社, 2010.

[2] 常东超, 魏海平, 郭来德. C/C++语言程序设计[M]. 北京: 清华大学出版社, 2013.

[3] 常东超, 魏海平, 刘培胜. C/C++语言程序设计实验指导与习题精选[M]. 北京: 清华大学出版社, 2013.

[4] 吉书朋, 常东超, 刘培胜, 等. 全国计算机等级考试与微软 MOS 通关宝典——Office 2010[M]. 北京: 化学工业出版社, 2015.

[5] 牛志成, 徐立辉, 刘冬莉. C 语言程序设计[M]. 北京: 清华大学出版社, 2009.

[6] 何钦铭, 颜辉. C 语言程序设计[M]. 北京: 高等教育出版社, 2008.

[7] 田淑清. 全国计算机等级考试二级教程——C 语言程序设计[M]. 北京: 高等教育出版社, 2015.

[8] 李艳杰, 常东超, 苏金芝. 大学计算机[M]. 北京: 化学工业出版社, 2016.

[9] 常东超, 高文来. 大学计算机实践教程[M]. 北京: 化学工业出版社, 2016.

[10] 王宏志, 韩志明. C 语言程序设计[M]. 2 版. 北京: 中国铁道出版社, 2009.

[11] 罗坚, 王声决. C 语言程序设计[M]. 北京: 中国铁道出版社, 2009.

[12] 邹修明, 马国光. C 语言程序设计[M]. 北京: 中国计划出版社, 2007.

[13] 谭浩强. C++面向对象程序设计[M]. 北京: 清华大学出版社, 2006.

[14] Bruce Eckel. Thinking in C++. Prentice Hall,Inc,1995.

[15] Chris H. Pappas, William H. Murray, Ⅲ, The Visual C++ Handbook, McGraw-Hill, 1994.

[16] 常东超. 大学计算机[M]. 北京: 高等教育出版社, 2013.

[17] 常东超. 大学计算机实验指导与习题精选[M]. 北京: 高等教育出版社, 2013.